U0213568

东京建筑漫步

Tokyo Architectral Wander

李璇　著

海豚出版社
DOLPHIN BOOKS
CICG　中国国际传播集团

目录

六本木

上野

代官山

下町

青山

表参道

文艺街区巡礼

银座周边

后记

六本木

赤坂街道

　　在东京看建筑，每次都选择赤坂街道作为落脚处，大概是因为可散步至六本木参观那里聚集的几处现代建筑，精致的小街隐约透露出村上春树笔下提及的冷酷都市的氛围。从机场出来坐快线列车经过千叶的大片田野与住宅，飞快瞥过暮色里葛饰柴又的街町，在 JR（日本铁路公司）上野站转地铁后坐上了拥挤的银座线，从赤坂见附站出来即是夜晚整洁宁静的街道。路上走着附近公司下班的职员，沿街的西餐厅在静待夜晚的营业，年轻男子拎着小只塑料袋从便利店里信步而出。

　　预定的酒店在离主街不远的地铁站附近，沿街立面有许多齐整的现代小楼，其中一幢长方体十层红砖小楼就是我们的落脚处，一楼大厅里有宽敞舒适的咖啡厅，仿佛是《寻羊冒险记》里的海豚宾馆——去除多余的装饰，满足基本功能的同时保证了简约的质感。在现实的建筑身上寻找海豚宾馆的感觉——一个回归自我后重新更新与外界连接方式的地方。这次冒险不为寻羊，为了寻访心动的建筑。

　　夜晚的赤坂街道，闪烁着密集而冰冷的霓虹灯招牌。在楼下的餐馆里吃晚饭，食客都是年轻人，像是刚下班，氛围热闹。点了风格不怎么搭的下酒菜和拉面，意外很咸。吃完后在附近的街道散步，夜晚的街巷热闹繁华，附近的大楼亮着壮观的清冷灯点，在夜色中很是好看。钻进大楼旁的一家小型商业综合体，去地下商店街的面包店买了两个肉桂卷当翌日的早饭，之后去

隔壁的松本清药妆店里挑选精油系
的洗发水和护发素，在女性中文导
购的劝说下买了本地人常用的自产
品牌，是好闻的橙花薰衣草味。药
妆店隔壁有一家小型茑屋书店，我
喜欢这种可以顺路随意逛书店的轻
松自由感。在摆放的畅销小说处遇
见不少熟悉的封面，在喜欢的书籍
间徘徊感觉温暖又安心。

21_21 Design Sight 美术馆

　　早晨被刺眼的光线唤醒，拉开厚窗帘，窗外是明澈的蓝天，看到了夜间看不清楚的窗外的各种小型集合住宅楼，其中会有一栋是《奇鸟行状录》中肉豆蔻在赤坂的事务所吗？那间小小的挂名服装设计公司实质在为政商界的贵妇进行特殊的"试缝"诊疗法。从宾馆出发，按照地图导航朝六本木方向前行，避开不算宽敞的主街，选择走更密集的平行的内街道路，从城市的褶皱里感受生活的细节。步行转进一片安静的住宅地带，路过一些带露台的小型公寓，路面渐渐出现起伏的坡度，自助停车场和干洗店分布在街角。推着婴儿车的消瘦妇人从坂道上快步走下，装扮风格成熟可爱，坂道上方是精致豪华的塔楼住宅。

　　路的尽头是 21_21 Design Sight 美术馆所在的公园，两片三角形的灰色钢板屋顶跃入眼中。晴日的公园里一片闲静氛围，落尽树叶的枝丫伸入明亮的蓝天，长椅上零散坐着午休的人，铺地的灌木植物旁安置着水景池，潺潺的清浅水流给城中心带来一抹灵动，说着各国语言、衣着有设计感的亚洲旅人慕名来访。

这座美术馆外形的设计构思来自三宅一生"一块布"的服装设计理念，建筑师安藤忠雄利用"一枚钢板"的巧思与之呼应，折叠出两片三角形屋顶，将建筑的体量巧妙地安插于公园中。远远看去，建筑造型鲜明突出，同时营造出宁静舒适的氛围，与周边繁华的都市环境和谐相融。

建筑的内部空间亦充满惊喜，展示区域遵守了建筑的形态语言，切入公园地下，形成了独特

的下沉式通高空间。美术馆内正在举办日本民艺展，进入其中，一楼地面展厅兼具商业空间作用，陈列了许多契合展览主题的文创商品，人们可以将与展览理念相合的生活方式带回家。陈列的文创产品既符合现代审美，又保留了传统文化的温度，比如一些手工编织的轻盈提篮、木制家具、手作器皿餐具、便携可移动的充电式折纸灯具等，仿佛拥有后即可获得简约凝练的生活智慧。

　　在地面展厅的销售空间尽头，一道长长的楼梯将人引入下沉空间。楼梯的中间平台被放大，让人不禁想伫立其上，感受空间的丰富变化。站在楼梯平台可以接收到侧方通高玻璃幕墙透入的光线，是非常诗意的瞬间，如同进入一个由特定时间空间组合产生的次元。逗留片刻后，转身折入下方的阶梯继续探寻，经由一段幽长的楼梯步道抵达下方的主展厅。

在主展厅的入口处，建筑的设计手法使光线由明变暗，氛围逐渐安静，提醒人收敛心神，专注地沉浸在对陈列艺术品的欣赏中。安藤用建筑的光影手法营造出地下空间的精神性，使主展厅有了宛若教堂的神圣感，展出的艺术品是流动的典籍，救赎治愈着粗糙日常中漂浮的心。短暂的艺术巡礼让人获得片刻的精神洗礼，如此一处空间，是文化的圣殿与精神的避难所。在古老的蓑衣与有年代感的陶罐中间漫步，光影营造出的空间气氛让人忘记了身置地下，感觉静谧安宁。

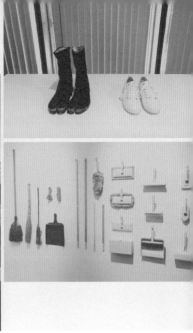

计的风格偏爱素颜感的本初材质，素灰的抛光混凝土地面，搭配裸露的灯泡照明，营造出轻盈的生活氛围，符合当下共享与流通的需求，以及在人群中必要的疏离感。深泽直人设计的器物与这座建筑根据"一块布"理念折叠出的钢材外立面暗合，传递出由理性控制获得自在生活的价值观，是一种无需过多占有物质、轻盈可移动的生命观。

国立新美术馆

　　位于六本木的国立新美术馆，一座由黑川纪章设计的建筑，距离东京中城商业中心不远。走过一段整洁安静的小街，静谧的午后，沿街的饮食店还未开始营业，只有繁华的招牌和午后的阳光抚过干净的街道。随意漫步间，看见巨大的立体曲面的玻璃幕墙一点点呈现在眼前。进入美术馆的院门，打量正立面方向的景观，建筑前几株冬日的枯树伸展着枝丫。立面幕墙如同一道水波，使用了冷峻而纯净的玻璃材质，形成湖水绿的曲面，温柔地蔓延在冬日的庭院内。入口处呈锥形，切开了玻璃帷幕，造型独特且尺度亲和，让人可以平易地进入一个略带超现实感的空间。

进入美术馆室内，整个空间给人大挑空的深刻印象，约有四层楼高的通高空间巨大且震撼。两个倒置的混凝土锥形体位于大厅中，位置醒目，泛着混凝土材质淡雅的灰色光泽，氛围稳重而温馨，与大挑空的通高空间形成虚实互补，并且与大面积的弧形玻璃幕墙形成重与轻的对比反差。整个空间给人明亮冷酷的现代感。倒置的混凝土锥形体承担了一楼咖啡厅的服务功能，同时整体作为竖向交通空间联接各楼层展厅。

　　一楼大厅沿着玻璃幕墙摆放着一些桌椅，用作开放式咖啡厅，有不少中老年人在此喝咖啡相聚聊天，是一处方便聚会的有品质的城市公共空间。当时在锥形体旁搭建了临时舞台，一支爵士乐队在练习彩排，穿红色连衣裙的女主唱反复吟唱着温暖的旋律。点一杯热拿铁，在窗边的小圆桌旁坐下，用手感受着简易纸杯的余温。冬日的阳光穿透明艳的蓝天，轻微挑动着旅人的心。顺手翻看可取阅的建筑介绍，听着身后若有若无的爵士音乐，在冷峻而纯净的异乡大厅内，混迹于陌生的人群中。阳光穿透玻璃帷幕，温暖地洒满大厅。

美术馆的展览空间集中放置在通高大厅的后方。搭电梯到二楼，里面正在展出各地的书道作品，较之热闹的公共大厅，观展的人数不算太多，大概是老年朋友们已经看过展览顺便在一楼喝咖啡。"一起去美术馆吧！"城市中有这样的文化空间是相约结伴出行的好理由。搭手扶电梯继续往上，随着空间的位移，立体空间给人的感受随之变化，可以自由体验约二十米高的通透空间。扶梯正好在整个大空间的中央处上下穿行，站在上面从立体的角度看倒锥形体的变化和一楼逐渐变小的桌椅和坐着的人，是一种令人难忘的空间位移体验。

　　另一处手扶电梯可通往地下一层，那里是购物区和餐饮空间。餐饮空间摆放了明快的彩色桌椅以点缀纯净的空间，购物区内售卖各种小众生活杂货。作为一家国立美术馆，其商店的选品却意外地把握了时代的节奏，是一家集合了当下流行小众品牌物件的精选店。选品有职人手作的陶艺器皿餐具杯具，社交平台上常见的粗布气质帆布包和皆川明的蛋形森系拎包，金泽的老牌用料天然的护肤品等。店内有穿淡色花纹和服的短发妇人在仔细挑选物件，一身黑色装扮的女子在试用山茶花味的护手霜，两个女孩在镜子前试背大大的帆布包。

　　挑选了柚子味的润唇膏、金泽旧日炼金妇人洗脸用的米糠袋，以及一只北海道匠人捏制的浅褐色粗陶茶碗。浅浅的斗笠状茶碗，估计是北海道 70 后匠人穿着深灰色旧毛衣在大雪封山的木屋里制作的。不会用它喝抹茶，只是喜欢它身上的故事感。笑容可爱的收银女孩穿着森林绿的毛衣，头发编成一条蝎子尾巴的形状，手上戴了磨旧的粉色塑料戒指，用轻柔认真的动作帮忙把东西包好。

国立新美术馆像是一个由巨大玻璃幕墙包裹着的公共空间，宛如一个舒适的城市客厅，可以让人们自由进入使用。在偌大的都市里有几个熟悉的据点，是令人向往的。从亮起温煦昏黄灯光的美术馆出来，同出的还有两对有风度的上了

岁数的夫妇，看着他们拐进了街边一家颇有情调的鸡肉料理店，可以吃应季的汤豆腐鸡肉锅。路过东京中城后的公园，黑暗中 21_21 Design Sight 美术馆的混凝土轮廓在静静呼吸，公园的树上缠绕着金色的星点灯光。顺着坡道往下走，俯视干净明澈的夜景灯火。不远处有一家露天溜冰场，场上亮着白炽灯，青年男子绷着脸绕着毛线围巾一圈一圈地滑过。城市生活可以满足各种欲望，在夜晚的冰场竭力释放自我也是一种选择。回到赤坂的小街，去了离宾馆不远的购物中心，预约了连锁的寿司店，坐在吧台，看青年师傅捏寿司。点上一杯苏打梅酒、一份松竹梅里的梅寿司拼盘即可打发一个夜晚。想起途中路过的 TOTO 建筑书店，安静的小楼二层摆着成套的意大利专业建筑杂志 *CASABELLA*，在乃木坂的小楼里翻看建筑师李柏曾经刊登过的 Architects Under 30 那期，展示了他在青岛做的小型建筑，是他在法国读书时给杂志投的稿。看着杂志有些许的穿越感，这么多年绕来绕去的时光缩略成一张被封印的作品照片。将杂志轻轻放回书架，和微笑的店员淡淡说再见。

Tokyo Midtown 东京中城

从 21_21 Design Sight 美术馆所在的公园穿过人行天桥，对面即是商业中心 Tokyo Midtown（东京中城），尺度宜人的步行天桥将商业综合体的室内空间与室外城市空间便利连接。

参观完建筑后可以顺便走进 Midtown 吃饭，里面有许多值得多次探访的店铺。现代餐饮品牌利用包装设计，让饮食这件事多了几分风雅和乐趣。传统的和式甜品店虎屋茶寮门口挂着颇具历史感的布帘，用红黑两色为主题装点空间，让人佩服日本设计融合传统与现代的能力。进入店内落座，点一份盛在黑色红底漆碗里、腊八节限定的芋头年

糕汤，或者一份盛在浅口厚玻璃碗内、配色清新的寒天蜜豆冰淇凌，淋上透明的糖浆，配着清淡的煎茶，这算是兼具传统与现代的日式下午茶吧。在商场的连锁店内休息片刻，看看往来的人群。午后的店里坐了不少人，短发黑毛衣女生坐在窗边一边独自品尝美食，一边翻看手边的文库本（日本小开本图书），浑身散发着生人勿扰的气场，吃寒天蜜豆时果然应该配竖着排版的文库本才对味。

去隔壁的茅乃舍堂吃定食套餐是每次的保留项目，说不清这清淡素净的定食有何魅力如此吸引人，可能因为我们是做土建行业的吧，对朴素的东西易有亲切感。打开红色托盘内的几样漆器器皿的盖子，可见料理使用了滋味丰厚的高汤，搭配着山珍菌菇与五谷，细嫩的芽菜点缀其上，迷你豆腐上的柚子酱传递出细节的温暖。店铺旁另辟一间装饰成同样风格，售卖可回家烹饪的茅乃舍食材。忍不住挑选了一些操作简易的汤汁酱料，方便回去后在乏味寒冷的日常里重新加温这份瞬间。另有名古屋的鱼料理，也是每次去必点的菜品，是有历史感的御膳套餐。和一对中年男女一起排队等号、入座，点了蜜腌后烤制的鳕鱼，配上质感温润细腻的山药泥盖饭，餐后被赠送了装在玻璃清酒杯内的加冰梅子露，无酒精。菜品在视觉上的尺度感和留白，亦能满足食客对历史的一丝想象。

　　商场内隈研吾设计的三得利美术馆占据了三层和四层的空间，里面定期举办工艺展览。风格纤细的展览空间内，正在举办德川初期的宫廷艺术展，有小堀远州的茶道器具和狩野探幽的幕府绘画。美术馆内的整体风格由木质材料和玻璃打造，营造出柔和通透的体验感。整个通高的墙壁用木格栅作为墙板，玻璃栏板的楼梯轻盈地伸入木格栅旁的展览空间，不锈钢的圆管扶手安装在玻璃楼梯上，成为空间中明确的线性元素，陈列藏品的展台以玻璃体块的形式呈点状有节奏地分布在室内。

电梯旁有休息长椅供人使用。隈研吾在电梯墙板上覆盖了传统的和纸材料，独特的巧思创造了温煦柔美的光影局部，时空在此一点点沉淀下来。这样一处现代和风的美术馆内，展出着精美润泽的赤乐茶碗、绘有源氏物语片段的金色围屏。在藏品名物中流连，只觉幽深宁静，不知身处闹市。出口处有售卖以馆藏物品为主题的明信片和书籍、仿制的茶盒焚香等，一旁是用木格栅围成的茶室，让历史的梦在都市多了片刻延续。

上野

东京文化会馆

　　颇具文化底蕴的上野公园内聚集了许多有名的展览馆，每日穿过公园去
名建筑聚集的片区，这样的路线重复了数日。路过公园内德川家的家庙，顺
着两侧栽满樱花树的沙石路缓缓散步，体验这个城市尺度的公园，循迹参拜
了德川家康幕府所有的宽永寺、上野东照宫等历史古建。公园内身着和服、
木屐的妇人和穿着旧旧宽松大衣的女生匆匆走过，汇入不远处上野地铁站的
人群中。颇有年头、出自大师之手的建筑就自然地散落在公园里，与都市繁
杂而真实的日常有机共生。

　　从上野站往公园方向，前川国男设计的东京文化会馆坐落在公园入口处。混凝土材质的巨大体量非常醒目，带有屋顶花园的灰色大屋顶以一根直线的姿态延伸着，屋檐被做成了圆弧形，传承了柯布西耶设计的昌迪加尔议会宫大屋顶的造型特点，以开放的样式作为建筑入口。会馆主要用作古典音乐会、歌剧的演出场所，室内运用了大面积的金色和红色，风格华丽，质感复古，

和混凝土粗犷的外墙形成对比。当时有一场音乐会即将开始，大厅内聚集着不少中老年人，其中不乏打扮得很有特点的，衣物虽是旧的，风格却很年轻嬉皮。他们蓬乱着白色的头发，晚间 8 点，很有活力地在金色大厅里穿行，年龄变得没那么重要。有文化氛围的公共空间，是乏味现实的一道出口。

国立西洋美术馆

　　国立西洋美术馆位于东京文化会馆的对面。第一次来时正好在闭馆布展中，一年后再来才得以进入参观。作为世界遗产的国立西洋美术馆是柯布西耶在日本的唯一作品，美术馆于 1959 年在其弟子前川国男、坂仓准三、吉阪隆正的配合下建造完成。2016 年与其他国家的 16 座柯布西耶的建筑作品一起，共同被选录为世界遗产，彰显了柯布西耶对现代主义建筑的卓越贡献。

在进入美术馆前，先被广场上法国雕塑家罗丹的雕塑作品《加莱义民》吸引。在冬日的清冷阳光中，细细观赏这座大师的雕塑作品，非常的生动与自由，让人不愿移步去旁边排队买票。队伍很长，很多人慕名来看鲁本斯的画展，以退休老人居多，后来在地下展厅目睹了老人们在幽暗的油画前认真欣赏、排队移动的壮观场面。

　　这座美术馆体现了柯布西耶的现代建筑五项原则——底层架空、屋顶花园、自由平面、水平长窗、自由立面，同时是表现了"无限生长美术馆"这一理念的实际建成作品。根据建筑师原本的理念，美术馆随着展品的增加而生长，展厅可以以螺旋状从中央大厅向外无限扩展。在大厅的雕塑展厅一角，可以见到这座美术馆的建筑模型和柯布西耶手绘的草图，详细阐释了"螺旋生长"的理念。

　　建筑物以长方形的体量被架空，人们从一层的架空柱廊进入室内，直接到达通高的中央大厅。通高的混凝土圆柱撑起三角锥形的巨大天窗，将自然光侧向引入大厅室内空间。在美术馆内游走，感受柯布西耶精心营造的光影

空间：天光通过几何体天窗以间接的方式，或散射或折射，柔和地布满整个空间。大厅里陈列展示着罗丹的雕塑作品：小尺寸的《思想者》《青铜时代》、各色希腊风格的美男像等。沐浴在柯布西耶营造的神圣光影里，忍不住想围着雕塑细看，无论从哪个角度，人像的造型和结构都那么清晰生动，有种震撼人心的力量。

　　继续沿着之字形的斜坡缓缓向上前行，在不同的高度，光线与空间带来的体验感随之改变。二层有一块突出的方形平台，伸入大厅的通高空间，以积极的姿态承接三角锥形天窗的光线洗礼，与之字形斜坡构成一个完整的回

路。可以试着在这几处驻足，体会柯布西耶用巧思构筑的精彩丰富的空间游走体验。

　　二层空间内主要展出欧洲古典油画作品。四个长条形体量嵌入其中，作为天窗提供侧向的自然采光，让人在静谧柔和的氛围中欣赏展厅内的馆藏画作。

穿过二层的连廊，来到前川国男设计的新馆。新馆以低调的姿态，和旧馆共同围合成内庭院。馆内常年展示着莫奈、高更、毕加索等欧洲艺术家的画作。印象深刻的是莫奈调色细腻的大幅《睡莲》，和高更在去塔西提岛之前逗留在布列塔尼时的画作。画中笔调清新的人物流露出忧郁的眼神，掩盖不住法国大西洋边的日常积郁在画家心头的阴沉。真迹带来的震动留在心头，回国后立刻买了高更在塔西提岛的画作书籍，想要保留这份逃离现代文明去往热带岛屿获取生命力的心情。在东亚能有一处常驻馆藏展厅让人们与欧洲的印象派相遇，感恩不同文明的交流与传播，在此度过了非常心思宁静的一个午后。

　　看完诸多大师作品后，来到出口处一层的西餐厅，餐厅正好对着新、旧馆围成的内庭院。冬季的傍晚，天色黑得很早，庭院里几株落叶掉尽的枯树见证了岁月。餐厅里温馨而热闹，看展结束后进来喝一杯的人不少，隔壁桌坐着三位聊天的奶奶，面前各自放着杯精酿啤酒，一旁是独自喝着红茶处理文件的中年女子。我们决定在这里吃晚饭，打开菜单按照顺序点了前菜、主

菜和甜品，定价和外面基本齐平。服务员对要喝抹茶又说错发音的外国人也很亲和。对着庭院吃饭，上来的菜品摆盘精致，味道也不赖，算是艺术展馆品质的延续。看玻璃外的天色一点点变暗，最后彻底黑掉化为夜幕，玻璃上映出自己的影像——正在面无表情地吃一份冰淇淋，一瞬间有点没认出自己，忘了身处何方何时。

法隆寺宝物館

　　上野区域散落着许多博物馆和美术馆，公园后的大片腹地是东京国立博物馆所在的片区，园区里分布着国立博物馆的各个分馆，在历史建筑和森林的包围下，园区内幽静的一角坐落着谷口吉生设计的法隆寺宝物馆。

　　早上，与崭新的纤尘不染的阳光一同抵达博物馆，这种惬意之感是无法言说的。一大片浅澈的镜面水景池在建筑物前舒展平铺，营造的宁静气氛将博物馆与周遭的城市环境略略分隔开。建筑的正立面、清透的蓝天、杂木林葱郁的高树共同倒映在平静的水中。

Tokyo National Museum - The Gallery of Horyuji Treasures

在建筑前久久驻足，欣赏纯净的几何美造型与天空水面的融合。正对水面的步道旁有一处吸烟点，时而有一两位女大学生模样的人停留使用。在无法随意吸烟的日本，这个吸烟点的位置却是非常贴心。倚靠在身后的花池矮墙上，吸一根短支希望牌香烟的时间里，建筑多了几分欧洲现代主义风格的冷峻沧桑。一道长长的矮墙延伸而去，矮墙后的杂木林小道上，欧洲年轻异乡人背着书包走过。

建筑的正立面是一道现代比例的柱廊，四根纤细的钢柱高高撑起同样纤细的水平屋顶。退入柱廊后方的是一个长方体体量的玻璃盒子，作为博物馆的门厅，与柱廊一起构成一个氛围开放的接待空间。人在远处通过一道长长的水平步道穿过平静的水面抵达柱廊，经由三级台阶由侧方进入刻意压低的入口。根据人体比例设计的入口与整个建筑的通高尺度形成实与虚的呼应关系。

　　进入通高的玻璃大厅，侧面的玻璃幕墙外安装了非常纤细的铝合金格栅，格栅下方留出了约两米多的高度，既为整个大厅过滤了侧向的日光，又保留了通透的视野，方便人们观赏庭院水景。格栅与蓝天水景的组合映入眼帘，组成令人印象深刻的一幕，明明是现代建筑的尺度，却透露着东方婉约的气质。大厅的玻璃屋顶也经过精心设计，靠内侧通高墙体留出长条形透明天窗，其余大部分玻璃屋顶用半透明材料遮挡。条状天窗透下的天光起到洗墙的作用，半透明材料滤过的直射光线，使得整个大厅的采光得到控制，柔和而稳

定。站在大厅内可见到空中伸出的平台，平台隐约暗示了博物馆的游走路径，让人不禁想入内探索。

　　博物馆的展示空间如同一个盒子，作为核心部分，在石材墙壁的包裹下，被置于建筑的中央。展厅内幽暗的光线中，法隆寺出土的历史文物在极简的几何形橱窗中展示，陈列在精确而克制的照明下。镀金的小佛像被一尊尊供在透明的玻璃盒内，雅致的暗紫红地毯吸走了一切杂念，在其间屏息绕行，体验东方文物的内敛与现代的极简设计的碰撞。

　　经由石材墙壁展厅与建筑侧面的玻璃幕墙之间轻盈通透的玻璃楼梯，来到了兼具图书馆和餐厅功能的开放空间。温暖明亮的室内大空间内，安放了皮质沙发和木制书桌，带了很多书籍资料的中年男人在伏案使用。

　　在谷口吉生的作品里漫步，能够感受到独特的气质。作为成功的二代建筑师（其父是日本建筑师谷口吉郎，设计了大仓东京酒店等著名建筑，葬礼上只是极简地插了几只白梅），他的作品无论从空间还是细部构造上，都渗透出平静、内敛的腔调。他的建筑严格遵守了水平和垂直的原则，用极简的手法，在虚实的体量组合中恰如其分地处理建筑的比例和尺度，营造出具有理性美的光影空间，以现代建筑语汇创造了正统现代建筑，并且传递出东方特有的意境。

上野公园的海鸥
与广小路的早餐

　　上野公园于热闹的东京城中仿佛森林与湖泊一般的存在，让人在忙碌生活中获得片刻的喘息。若是从六本木、银座等商业繁华处过来，会感觉重力场似乎有一点微妙的错位。是脱线于日常的节奏也好，城市的缝隙里绽开的一线自由也罢，在这片迷人的城市沼泽里的短暂呼吸留下了独特的记忆。

　　比起上野动物园和沙地道路旁伫寂的枯枝早樱，公园入口处的不忍池更令人钟意。住的宾馆在与公园一条马路之隔的上野广小路地界，每天早上吃过宾馆的自助早餐，穿过一条挤满旅馆与饭店的日式小街去不忍池。冬日的冷风吹过窄街阴暗的墙边，走过晴日照射不到的繁华与罪恶共生的窄街，在宽敞的主路不忍通等信号灯变换，和人群一起穿行到蓝得透明的不忍池边。有时中午会买一份三明治带去公园吃，坐在水边的长椅上，眼神放空地看着水面，嚼着三明治里的金枪鱼、煮鸡蛋和酸黄瓜，切成小块的吐司很方便放入口中。池中漂浮着野鸭水鸟，自己有时会撕一点面包喂喂它们。肥胖的海鸥不知从哪里赶来，经常一个机灵的俯冲落在水面，强势地挤到其他水鸟中，瞪着无辜的圆眼珠等待投喂。日式尺度的精致四小份三明治此时让我捉襟见肘，故意的冷落反倒激起海鸥飞到离人更近的栏杆上，看在它胖乎乎的份儿上只好投降，自己改喝路边贩卖机上买的罐装温咖啡摄取能量。

　　傍晚结束博物馆的参观回酒店，拖着双腿缓慢地走在夕阳的余晖中，水色和天色变得很温柔。随意找一把长椅坐下，对着池水中尚存的大片残荷，在清冷的空气中发会儿呆，伸入残荷中的露台上站着两个女生，扎着双马尾，裸露着小腿，让人感叹年轻真好。稍远一些的长椅上坐着穿西装套装的上班族，低垂着头几乎快要睡着，另一边有个衣着模糊、头顶稀薄的中年大叔，有滋有味地吸着烟，枯萎和颓败在这里是被允许的，是可以自然展现的常态。

记得另一个普通的女人，已经不年轻，磨旧的单衣夹克配球鞋，拎一只帆布包，除了灰白的卷发和侧脸外看不出和年轻人有哪里不同，甚至轻简朴素的状态也很相似。不要被太重的东西束缚住，记得不要和油腻的东西签订契约，是当时瞬间产生的想法。

几日间每天打卡上野的博物馆群落，经过公园的固定路线时，总会见到几个异装癖打扮的大叔，流浪汉一般占据公厕旁的两张长椅。人人紧裹大衣的季节里，他们穿着脏兮兮的暴露女装，头戴咖色长卷假发，廉价的短裙丝袜下蹬着艳丽的高跟拖鞋。是厌倦了怎样的职业生活，然后放飞自我至此呢？行路中匆匆朝他们一瞥，见一人正从地上捡起一张破旧的报纸，上面印有充满情色意味的图片。屏息快速通过后依然有刺鼻的发霉感，双脚像陷入了不忍池中的淤泥。此处是城市的沼泽地带，目睹滋味复杂的城市阴影面，危险而真实，反而感觉浑身松弛下来。

为了参观方便在网上随意预订的酒店，位于有些混杂的广小路，仿佛城市裂开一道缝隙供人窥探。热闹拥挤到过分的楼宇沿街分布，花色杂乱的霓虹灯招牌和商店橱窗展示了无处可匿的城市欲望。每日进入其中一栋砖红色的大楼，住进层层后退带圆弧形露台的顶楼房间，浴室不大但可以泡澡，早上会被刺眼的阳光和乌鸦叫声唤醒。夜晚在露台上吹风，对面是一家营业中的KTV，灯光黯淡，远处传来警车的鸣笛。有时戴着耳机在露台上一边听旧歌，一边发呆看着灰白错落的楼宇屋面，起伏波动的建筑体量揭露着城市的能量，静态的建筑物又像抑制着一处处巨大的渴望。

每日的房费包含一顿自助早餐，搭乘流淌着舒缓且意味模糊的钢琴音乐的四方老式电梯下到装修华丽的陈旧大厅，接待处的长发工作人员会说日语和中文，餐厅的服务员是东南亚男性。纳豆、煎蛋卷、烤青花鱼和烤吐司、

美式咖啡共存的吃法让人觉得非常随意自由，所以莫名开心。邻桌说粤语的混血小孩头发非常卷曲，肤色是牛奶咖啡的颜色。坐在酒店大厅里吃早餐，感到此处混杂的程度像是在巴黎挤地铁 13 号线，有各种气味和颜色、皮包和书包、从南到北迁徙的"城市游牧民"和"跨国游牧民"。他们碰撞出的色彩是努力存活的证明，制造出新的沟壑和夹缝，展现野生的生命力，在某处自由生长。

国际儿童图书馆

散步穿过公园的一日，目标是安藤忠雄改造设计的国际儿童图书馆，附近不远处是东京艺术大学的校区，可以见到拎着乐器盒走过的大学生。国际儿童图书馆坐落在谷口吉生设计的法隆寺宝物馆后面的内街上，由原先的古建筑"红砖栋"和在 2015 年改建完工的"弧形栋"共同组成。安藤忠雄对古建筑即建于明治时期的帝国图书馆进行扩展改建，保留了古建筑的韵味和样貌，将现代建筑的体量完美地融合于其中。

安藤忠雄的改造设计完全使用现代的材料，用现代建筑的手法简练有力地规划分布，制造新与旧的反差美感，张扬却不突兀，雅致的灰色钢材和透明简洁的大片玻璃幕墙制造出宁静强大的气场，和古建筑一起安置于时空的洪流里。

图书馆的入口，是安藤忠雄的第一个明确而直接的改造动作。一个轻盈通透的长条形玻璃体，以完全打破现存秩序的姿态，明确有力地斜插入古建筑的厚重体量中。进入馆内，先经过充满历史痕迹的旧馆主体，很快来到内侧的玻璃盒子

长廊里。安藤忠雄在红砖栋古建的背面整个装上了玻璃盒子，经由轻盈精致的钢与玻璃打造的小楼梯上楼，透明的光线流转其中，小小的楼梯间成了艺术圣域。二楼是宽敞的玻璃长廊，午后强烈的光线穿透巨大的整面玻璃幕墙，洒在古老的明治时期的墙壁上。在长廊内的长凳上休息小坐，周围非常安静，亮蓝的天空让透进幕墙的光线染上湖泊般的盈透。长廊内连接的一处处旧日文人读书的空间，现在成了孩子们看书的区域，是令人羡慕的儿童生活福利。

　　改建的弧形栋正如其名，确是有一道温润漂亮的弧形曲线，弓形的建筑物和红砖栋背后的玻璃盒子一起围合着中庭。去的时候中庭内正好在进行庭院的翻新施工，午间时分有三两个装备精良的工人，地上堆放着方块地砖。隔着玻璃幕墙默默观看了一会儿干净缓慢的日式工地。工地旁有一个小小的咖啡厅，是入口玻璃体量从古建筑中穿插出来的部分，里面坐满了吃午饭的人。店内供应基本款的西式简餐，适合看书、工作途中简单用餐，同时对着名建筑的美丽曲线发发呆。

　　安藤忠雄打造的弧形栋新建部分的建筑，毫不手软地运用了现代建筑的理念和语言，使其呈现出现代风格的存在感和张力。整面运用的曲面玻璃幕墙强调了空间的通透感与开放感，与古建筑石材的"重"形成明确对比。跨越岁月带来的雀跃感来源于生产力的变革，以及精神风气的焕然一新，仿佛隐喻了一种唯物的进化真相。弧形曲面的钢结构幕墙像是打开的书页，稳稳地包围着图书馆内这一方中庭。

建筑物的二楼排布了一些机能性空间，用作书库、研究室、资料室。印象深刻的是去往二楼阅览室的通道，入口处银灰色的金属感应门，装了消音器似的自动打开，随即在身后静静地关上，密合感像是进入太空舱，淡灰的舱体如诺亚方舟般装满研究儿童图书的相关书籍，对一般市民亦开放。在门口取了附有交通信息的开放时间表，国立阅览室无论是谁都可以进入使用。雅致的现代空间里不少人埋首于书籍，透出氛围安静的书卷气质。

东京大学福武会馆

从上野出发，步行去东京大学本乡校区，地图上看不算很近，正好午睡后散步走过去。沿着春日大道行走，缓缓上坡，过了天神下的十字路口，街上的风貌与此前迥然有别。一头是彩色混杂的上野，另一头是清雅的汤岛。为什么会这样呢？城市里常有这样微妙有机的无形的结界，在巴黎和上海也有类似景色存在。走在汤岛地界，日本特有的灰白雅致的沿街立面再次显现，路过栽满梅树的汤岛天满宫，梅雨时节来必是结满果实，据说周围的居民会用这梅子做梅酒。沿街开着复古的居酒屋，吃鸡肉盖饭的料理店，摆放着漂

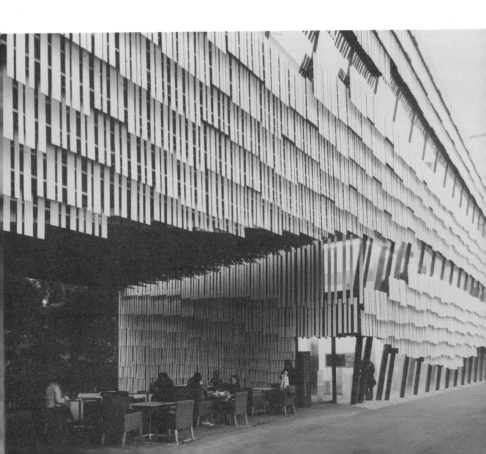

亮日式点心的和果子店，气氛安静的卖手工蛋糕的咖啡店。时而有斜挎背包的年轻人从坡上下来，街道渐渐出现学校的气息。

　　今日的目标是看安藤忠雄的另一个建筑，东京大学里的福武会馆。从侧边路径进入学校，先看到隈研武捉刀的咖啡甜品店，木头杆件做成变异榫卯的造型，大面积地覆盖在建筑的外立面上，造型独特醒目。虽是冬日，露天座位上人却不少，阴沉的暮色下整个画面有点后现代的味道。巧妙使用木头这种传统材质能够展现出现代人内心的波澜与节奏，与西方咖啡文化搭配着看，露天座位的空间展现出对自在开放的价值观的向往。

　　经由开放的边路，走过咖啡座进入校园，本乡校区是东京大学历史最悠久的校区，校园内有许多明治时期种下的大树，福武会馆的楼在校园的西部区域靠近正门的位置，与有年代的红门外的本江街相邻。这是一座具有线性特征、坐落于原址基地上的新建建筑，利用窄长原址的同时，作为缓冲将街市与校园分隔开来，本江街上的百年树龄的古老香樟树给建筑提供了温柔的背景墙。

　　为了保留香樟树浓密的绿荫，安藤特意控制了建筑的高度，将建筑的一半埋入地底下，以免遮挡树冠的景观。建筑外观的线性特征非常明显，远远看到一道百米长的矮墙，很有气势地贯穿校园，矮墙上露出同样线性极简的现代檐廊，带着清水混凝土冷峻的气质。整个建筑给人最深刻的印象，就是其坚定明确的直线形体量。檐廊下的混凝土立柱后是安装了玻璃幕墙的研究室和讲堂等空间，玻璃体量与走廊、立柱、中空部分、楼梯、矮墙一起按照线形排列，这是一个将所有的元素在一个维度上线性组织的极好案例，从剖面上看非常严谨地组织了空间，屋檐覆盖的区域也经过严格控制。

从立体的维度看，建筑的空间层次亦很丰富，尊重整个校园的尺度和周围的植物环境，建筑的高度被控制后，空间往地下的延伸创造了多样的趣味。首先混凝土矮墙内侧是下沉式庭院，走进庭院可以看到矮墙外不可见的内部景致，即由连桥、走廊和楼梯交织组成的立体交通空间，结构令人赞叹。其作用是将建筑的地上两层和地下两层空间与路面标高相连接，若从路面标高的入口处进入建筑，走上室外交通系统便可抵达任何一处室内空间，并不需要特意从建筑物内部绕行。

　　傍晚时分亮起灯后，混凝土屋檐与矮墙之间透出玻璃体量内的光线，当时正好有一场会议散场，礼堂内走出的老师推开玻璃门，直接从地下二层的下沉庭院走上楼梯离去。在氛围古老的大学校园内，安藤忠雄用纯粹而明确的线性建筑与周围的环境对话。气质庄严、严谨的现代檐廊与对面明治时期的东京大学图书馆相呼应，压低高度、将整个建筑的姿态放低、保持气质安静的同时，直线形的建筑体量明确地表现了现代主义的建筑理念。

对面西方古典式的图书馆更多的是竖向的节奏，如竖向的开窗与向上聚集的尖顶。安藤忠雄用檐廊下的立柱、玻璃幕墙正立面上的分割与对面的古建筑进行竖直的对话，同时在水平维度上，用"一根线"的力量强调了现代建筑的特征与存在。作为一个非科班出身的建筑大师，在名校校园内做的"一根线"的动作伸张了安藤忠雄强烈的自我意志，通过直面人生的自我磨砺挑战学院传统，薄薄的屋檐像一把锋利的刀，对旧时的风气进行明确一击。与那个时期仿西式的建筑相比，将矮墙、檐廊等东方元素用现代建筑的手法传达出来，是一种反思的结果，强调了对自我文化的确认。这样的确认伴随着日本生产力的发展，是对东方的生活习性的认可和对本土文化的尊重。

神乐坂 La Kagu

从东京大学古老的正门出来，天色暗得一丝余韵也无。沿着华灯初上的本江街，朝地铁站的方向走，沿街是精致热闹的商铺，连药房都很雅致端正，旁边的铺子售卖包装风雅的传统日本点心，一看就很符合教师们的审美口味。十字路口遇见了回流的学院人潮，身姿统一的年轻人，有着干净的脸庞、明亮的眼神，在一定的秩序内认真生活着。

琢磨着去哪里吃晚饭，夜晚的城市让人流连，打开手机地图，发现正好可以坐大江户线去神乐坂，决定去隈研吾设计的 La Kagu 看看。

本来是日本老牌出版社新潮社的旧仓库，被隈研吾改造后成了时髦的生活方式的集合店。将"衣食住"与"知"相结合的理念，是典型的当下热门的生活方式。"知"这一抽象存在的力量可以将平庸的日常点石成金，同时"衣食住"这延续几千年的物质需求也应在繁华的社会被满足，两者碰撞出的文艺生活，或许是各国的青年共同追寻的一点"小确幸"。

神乐坂铺着石板的小路上，穿着宽松棉布衬衫的年轻男子在街角的神社合掌，悠哉古雅的石板路见证了世人内心的温柔与坚韧。由于没怎么受到关东大地震影响，神乐坂内古老的民居和小巷流淌出历史的味道。从明治时期开始许多文人住在这一带，诸多写作的故事场景被设定在此，街巷也沾染了浓重的文学气息。从夜晚的大江户线出来，乱入了一条住宅区的内街，临街是低密度住宅小楼，街上基本见不到人影，也不闻声音，不像是晚间七点半的新宿区的街景。比起居酒屋集中的商业化主街，现代住宅区浓密的夜色流露出日常生活本身的重量。转到灯火通明、人声嘈杂的主街后松了口气，以面向观光旅游业的浅表层示人就好，城市纵深的切口让人需要重新整理心情。

　　站前灯火通明的 La Kagu 像一个单臂张开的巨大怪兽，我们带着一丝寻求温暖的心情爬上大台阶，感激地奔入这拱形屋顶的怪兽口中。说它是时髦生活方式的集合店也好，名人设计的小型商业综合体也好，在异乡的夜晚是如此宝贵，感觉它如同用共同的视觉语言符号可以通行的宇宙空间站、黑暗中的心灵避难所。La Kagu 一共分为两层，一楼为可以用餐的开敞式咖啡厅、女装和生活杂货贩卖处，二楼是男装和家居贩卖处、书店和讲座空间。有不少样式精致的生活杂货在售卖，比如女作家爱用的洗手液、餐具等，确实是满足文青粉丝的物质圣地，穿制服的女性店员的态度也非常温和。想买一件春天穿的风衣，顺着做工精良的钢结构楼梯来到二楼，一些小众品牌的粗棉布宽松风衣在打折。整个室内的风格是当下流行的冷淡工业风格，看似漫不经心，实则经过严密的把控处理，淡雅的灰色水泥地坪、结构裸露的屋顶配着白色的杆件灯，和灰白的墙壁一起营造了极简现代的底色，少量的木质材料和店内售卖的北欧风家具给空间填补了温暖。

灰白两色为主的冷酷风格呼应了改造后的建筑外观：经得起岁月的灰色水泥板材外墙与玻璃幕墙的白色框架一起，搭配室外大台阶和楼梯的木甲板，组成了醒目又雅致的车站前新地标。从幕墙外可以看见巨大的 X 形白色斜拉钢索，稳定建筑结构的同时可以让立面的钢柱变得纤细秀气。由于是出版社的旧仓库改造的，二楼可以看见裸露拱形屋顶内有大跨度的白色钢结构桁架。由此可以看出隈研吾对建筑的结构做了系统性的分级，首先立面上由 X 形拉索辅助的白色钢柱撑起了拱形屋顶的白色桁架，次一级的结构是室内灰色的工字钢柱与上方的灰色钢梁一起撑起了大空间里的二楼夹层楼板，最后家具尺度的书架与货架由墨绿色的钢质架子来表达。立面的钢柱同时兼具了悬挂外墙灰色水泥板的主要龙骨作用，从室内可以看见外墙内的白色钢柱。

一楼的餐厅内几乎满座，一人食居多，大家自觉地面朝开放式操作台而坐，避免相对的尴尬。等餐期间内有人在看文库本，这种软面小开本图书很适合在城市里打发碎片时间，将自己包裹在书页的温度里。在几种简餐里选择了咖喱炸猪排定食套餐和随餐的葡萄酒。坐在靠近玻璃幕墙的长方木头桌边，看着窗外沉沉的夜，对面楼里的一所舞蹈教室内，几对中老年男女在热烈地旋转起舞。一边看着这无声的舞蹈景象，一边吃着椭圆白瓷盘里的食物——索然无味的冷硬猪排、过于水灵的普通生菜，喝着产地不明的软木塞味的葡萄酒。然而环顾四周，大家都在安静地用餐或小口喝着纸杯咖啡，并没有人对女大学生样扎马尾的服务生抱怨什么，只需将食物看作碳水、维生素、蛋白质的组合将其送入口中，仿佛能够如此分解对待料理也是爱好阅读者的基本素养。

沿着神乐坂的小路散步，路上遇到不少大学生，很快走到了夏目坂，再往前就是早稻田大学的校区。在学校附近的转角处买了鲷鱼烧，红豆和山芋口味各一个，和背书包的年轻人一起黑着脸等待鲷鱼烧出炉。学校附近总是不缺小店，看到招牌掩映的半地下咖啡厅感觉还是很熟悉，穿褐色围裙的男生在半地下的窗边擦着酒杯，店里可以吃烤肉、喝兑水威士忌。在回程的地铁站遇见返校人潮，晚间九点实习结束回校，尚在校就已如此壮观，毕业后是输往商社企业的主力吧。在早稻田附近难免想起村上春树书里描写的大学时光，以及他在大学读书期间就贷款开起爵士酒吧的现实人生。他早年经历的这些与制度相抗衡的力，汇聚成力量释放为"青春三部曲"，之后畅销书里的余韵亦如冬日海边缓慢燃烧的篝火般照亮温暖人。

代官山

茑屋书店

　　来到茑屋书店所在的代官山 T-SITE，其间有许多小尺度的方盒子建筑有机排列着，建筑之间贯穿了景观绿植，是一片尺度亲切宜人的商业街区。T-SITE 很像一个具有文艺气质的精致村落，除了醒目的书店外，还有带花园的艺廊、相机店、正在举办小型产品发布会的展厅、黑色钢结构撑起的意大利餐厅等。自由散落的精品空间之间铺撒着粗糙的沙石，点缀着绿植和枯寂的樱树，氛围混合着欧洲的潇洒和东方的克制。人们在其间自在地闲逛、吃饭，抑或手中握着咖啡纸杯坐在户外聊天，即便此时是欲雪的冬日周末午后。

　　原研哉和克莱因·戴瑟姆建筑事务所联合设计的茑屋书店位于 T-SITE 的核心区，除了具备书店的原始功能外，也是一家复合式文化生活空间。通过售卖书籍、音乐和影像制品等基本的文化食粮，衍生出生活中使用的文创产品售卖区、供阅读学习的咖啡空间、聊天会友的餐饮空间等区域，利用文化艺术的影响，为都市生活方式进行提案。

莺屋书店是街区内最大的一组建
筑，立面的白色表皮与玻璃幕墙共同组成
"TSUTAYA"（莺屋日文罗马音）首
字母的 T 字形，近看白色镂空编织表皮由
许多小小的 T 字构成，细腻而有趣。三个
长方体体量错落排开，每个体量里摆放了
不同类型的书籍影音产品或文创杂货，体
量之间在二层由玻璃连廊相连接，方便人
们跨空间地游走、找书、用餐，在里面待
上半日来阅读、休息或工作，是都市里一
处温馨的精神避难所。

从二层玻璃连廊进入餐厅所在的盒子体块内，可以见到开放式楼梯间的尺度被放大，以中庭的姿态位于方盒子的中央，二层的餐厅围绕楼梯的中庭排列，楼梯上方有天窗，为空间补入自然采光。开放式餐厅内铺着深红色地毯，安放着看起来很舒服的褐色皮沙发，与周围的书架相衬托，一道金色绚丽的屏风陈列其中，营造出沉静安稳的就餐气氛。餐厅内流淌着音乐，音量适中地衬托着细语交谈，这里有独自转叉子吃意面的年轻男子，有相约的中年男女，有点一杯饮料在等人的质感大叔。脱下的大衣外套被放在一旁，大家穿着毛衣深陷在皮质沙发里，沉浸在各自的小世界中，期待一场热烈的相遇，或者让脑中被城市搅动的旋涡渐渐平复。

　　穿背心打领结的服务生来回走动，年轻的女服务生身穿中性风的制服亮眼如一道闪电，英气逼人。如此干净的气质是用怎样的日常滋养而成的呢？必得每日生活于此方可吧。为了配合店里沉静复古的气场，吃了简单的鲷鱼茶泡饭和西式炖牛肉，餐后盲点了一杯昭和风味的鸡尾酒，敞口杯里一粒樱桃点缀在深红的酒中。一点点小口喝着，继续看随身携带的小说，吉本芭娜娜写的大溪地的故事。在国外的书店里依然沉浸在自己的次元中，固执地想要抓住点什么，包裹自己的心灵，像我这种人大概适合时光缓慢流淌的年代感场所。这家书店营业到凌晨两点，羡慕当地居民，可以夜晚从家里出来，在灯火温馨的书店内打发孤独的时光，身在人群中却如同身陷孤岛，在书架间流连到打烊，不想回家的人渴求书写自身的一段往事。

Hillside Terrace
代官山集合住宅

代官山没有山，有许多的店铺、逛街的年轻人群，以及从白天就在户外露台吃饭聊天，喝着酒精饮料的人们。时代何时就发展至此了呢？西式的餐厅与咖啡文化席卷了亚洲都市，其中难以言说的魅力大概是与东方传统相悖的自由风气，潮流的背后或许是人们自发的反抗压抑的生命本能。

从茑屋书店出来，室外露天的桌椅都坐满了人，年轻男女不顾阴沉的天色，在冷风中捧着纸杯，有的身边放着婴儿车，将婴儿背在身前坐在小圆桌旁，珍惜这周末向晚的咖啡时光。

T-SITE 成了大家爱聚集的公共空间，比一年前来时有人流暴增之感。混在人群里闲逛，随手拍了不少精美可爱的现代小建筑，玻璃幕墙内透出温

暖的黄光，白色钢楼梯与架空的几何形立面彰显了这座城的纤细温柔。街角有一家皆川明服饰店，低调的褐色室内空间，织物状深灰色装饰内墙，中间吊了一顶彩色玻璃球聚集的糖果色泡泡灯。衣服主要为黑色系的长款秋冬罩裙外衣等，另有小部分春夏色泽的可爱裙衫，搭配蝴蝶花色的平底浅口布面鞋。这些有品质的高价日系北欧风服饰，是买十件普通的不如买一件爱用的那类衣物，看某位作家曾在生活散文里表达对衣物材质的重视，称需得穿上后感觉若有若无，如同另一层肌肤才好。

　　精致街区的马路对面是桢文彦设计的 Hillside Terrace 的 A，B，C 三栋，是集合住宅、小型商铺与办公空间为一体的典型现代主义建筑，运用几何体块的穿插组合，创造出许多中庭开放式空间，以及小巧有趣又丰富的室内空间。Hillside Terrace 作为当时都市开发的重要案例，从 1967 年到 1992 年阶段性地建造落地，对整个代官山街区的文化定位产生非常重要的影响。空间里有许多画廊支持着艺术家的创作与活动，并且从二十世纪八十年代起举办新锐建筑师的奖项评选活动，这个经典的空间在茑屋书店兴起之前承担着街区的开发与举办新兴文化活动的责任，可见历代文化先辈的斗争和努力铸就了今日面向大众的活力社区。

　　从对面遥看这座建筑的外立面，中灰色的混凝土墙面沿街成线形延伸，建筑上层的体块呈单元式分布，反映出建筑内部的住宅功能与体量的关系，下方的走廊以一条直线的形式将上方的单元统一起来。建筑的交通空间亦非常显著，一系列楼梯和走廊组成的交通系统在建筑内外自由穿插，有的穿入中庭形成内部回路，有的伸出建筑作为走廊延伸成为沿街外立面的一部分。

这座建筑在虚实体量变化之间，成为功能和趣味都被满足的综合性空间。比如楼梯和走廊的材质选择在金属栏杆和混凝土栏板之间灵活切换，使得楼梯体量轻盈的同时保证了立面的完整性。这种在建筑体块和板的语言之间自由切换的手法，能让整个建筑的体量保持平衡，不至于呈现过重或过轻的视觉效果，并且保证了视线的通透性。

建筑的一层运用混凝土实体墙面和玻璃橱窗形成醒目的对比，以区分整栋楼的商业店铺和住宅，衬托出商业空间的轻盈通透。中庭采用底层架空的方式用作商业空间的入口，内部中庭有红白相间的马赛克铺地，流动的铺地节奏暗示了庭院内的游走路径，方便人们从沿街架空的入口进入庭院内部的商铺。中庭内部的界面采用大面积的落地窗和曲折活泼的现代檐廊，傍晚昏黄的灯光从店铺内透出，温暖的橱窗内展示着北欧风家居用品，马赛克铺地内庭院里有年轻男生在打电话，整个中庭仿佛一处别致小巧温馨的世界。

这里正好有皆川明售卖家居用品的店铺，大面积木质地板和货架营造出静谧气氛，货架上摆着印有店家标志性圆点和圈圈图案的布料和抱枕、餐具、马克杯等。有客人在买布料，耍回家做手工，风韵成熟的女店员穿着白色长褂，轻声细语地帮客人裁剪布匹。挑选了自用的芬兰小森林插画图案的保温杯，容量不用大，准备在国内平时去工地的时候用。看穿白色长褂的店员帮忙刷卡，轻巧仔细地包裹好，仿佛得到了一点温柔安定的能量。

　　出来后走上人行天桥，在天桥上俯瞰川流的马路和亮起灯光的 Hillside Terrace 沿街壮观的线性体量。情侣们挽着手，单身男子肩背健身包潇洒而过，晚风中路边有一株零落的白色山茶花。沿着店铺间的小巷返回地铁站，路边有现代的集合住宅，见一位斜挎大背包的女生快步进入，街巷与住宅尺度宜人，顺着深深的街巷可通往惠比寿。夜晚的代官山站异常热闹，站前人群密集，热烈的聊天氛围让人不想离去，在这里，夜晚是鲜活的，城市在运作，人们在活动。回去后在宾馆楼下的罗森便利店买了炒乌冬、布丁和桃子酒，在狭小的浴室泡澡后，边吃边看电视。

中目黑

从代官山步行来到中目黑，沿途经过商业密集的小巷，很快看到中目黑地铁站的架空天桥下聚集着很多时尚的年轻男女。安西水丸的散文里说，下北泽站外等人的年轻人长了一张张饥渴的脸，仿佛在寻求各自的欲望，当然这也不是什么坏事。中目黑站台下熙攘的年轻男女看起来也是这种感觉，看过去视觉感很好，凌乱而有活力。人群的风格以小众的反叛风尚为主，打扮时髦且独特，有点嬉皮感的女孩在天桥下边抽烟边看人。视觉上的杂乱热闹混合着架空地铁开过时的巨大噪音，周遭散发出年轻人之间强烈的需求磁场，这是一些散发活力的大学生，或者来东京追寻梦想的文化人身上特有的气场。

目黑川沿岸分布着服饰店、饮食店、旧书店等供年轻人出没的场所，沿河整洁精致的建筑立面里穿插了不少高档公寓，看起来属于另一阶层的中年人身穿名牌带着家人和四条精致小型犬走过，路人更多的是清爽质感的普通人。精致的街道仿佛兑现梦想后的理想宜居场所，清冷的樱花枯枝和干净的住宅提醒现实依旧是需要诸多克制和努力的"冷酷仙境"。

在目黑川边看了一会儿清浅的河滩，一群野鸭子在冷水中戏水，樱花树枝横向覆盖河道。在河边散步，顺便物色解决午饭的小店。选定了一家中目黑站左侧印度人开的居酒屋，午后两点，店内满座，人们在烤串的烟火气和烟草的迷雾中大声说笑。印度女服务生拿来英文菜单，和印有日文假名的对比着，点了烤鸡肉串、炖牛舌和绯红色的烤鲷鱼。脑门点着朱砂痣的女人端来淡荧绿色鸡尾酒和小碟盛着的玻璃杯装不知名乳白浊酒。

店内日本人之间谈笑的感染力很足，各桌聚精会神地聊着彼此的事。这里的人似乎散发着共同的气场：燃烧有限的生命能量，在追求变得幸福的路上努力活着。杂乱的店内涌动着活泼的生命力，像是生命本身的混沌无序。没有干净完美的纯洁人生，背负阴影、接受混乱，原谅这一切的即成为艺术。在这样的氛围里吃饭，闻着隔壁桌大叔抽的葡萄味烟草飘出的气味。电视里播放的冬奥会赛事上演着激烈的"厮杀"。

　　行走在清冷的空气中,欣赏沿岸各种风格的现代小建筑。这些下方是店铺,上方用作公寓的集合住宅遵从了共同的秩序,在立面上用阳台呼应了目黑川的河道,对河道呈现开敞的姿态,形成了既整齐又各具特色的整条面河的沿街立面,且立面的高度相对于沿河步道的尺度非常亲切合适。路过不少堪称建筑小品的高档公寓,简洁的现代主义外形,用大方格的内阳台分割外立面,开间开敞约有五米宽,从如此的宽敞度不难想象出屋内生活的舒适度。公寓底层架空作为商业使用和公寓的入口;二层和三层是规整的公寓开间;四层与屋顶悬挑出的方盒子,组成带河景露台的空中别墅,阳台使用了磨砂玻璃

作为半透明的栏板，泛着暗暗的绿色。做工精细的清水混凝土住宅，以及周边的日本特色的精品小建筑，更像是一种明明白白的商品物件，是可供挑选品质的消费物，陈列在河道两岸。

每隔几十米就有一座平桥，诉说地域历史的朱红色护栏，联系着河川两岸的生活。河道的驳岸很深，是出于防洪的需要，流水是惊人的浅澈，约20厘米深的清澄河水在潺潺流淌，上方覆盖河川的樱树枯枝预言了春日的赏樱盛景。

走着走着就是松浦弥太郎的旧书店COW BOOKS，书店开间不大，立面是横向延伸的单层灰色金属板，作为现代简洁的块面嵌入普通住宅的一层。金属板上印着英文"everything for the freedom"，门口的木头矮架上放

着旧书，面向河道的长凳上坐了个男人在抽烟。格调高雅的室内沿着墙壁摆放了满是书籍的 U 形书架，书架围绕书店中间一张可供阅读的长桌，黄色的阅读吊灯光线柔和，同旧书一样有质感。书架上主要是散文册，松浦弥太郎认为散文相对于小说更有不被时代局限的意义，此外还有不少杂志、画册、摄影集、黑胶唱片等。买了一册安西水丸的绘本，绘本带来无需阅读文字的会心感，撞色搭配的简笔插画置于文本中央，童真又有点超现实的意味。安西水丸也曾是这家书店的常客，会忍不住在此消磨大把时间，散掉大把钱财。书店店员是一名扎马尾的中年女性，正在电脑上操作着什么，很像松浦弥太郎生活指导类书籍里的员工范本，认真洗头、穿衣低调，珍惜时间、克制杂念，说起话来在小开间书店里也中气十足。

　　面朝目黑川规整的建筑小品立面内偶有突出的后现代建筑，一般多在分岔路口的转角，会有自由坡顶的房屋，表皮为酷酷的黑色金属挂板，阳光下看分外醒目，以及混凝土墙壁的小型商业体，搭配着圆弧形的玻璃幕墙，轻盈通透，穿球鞋和黑色长风衣的女生从建筑前快速走过。自由开发的土地政策造成一些古老的木质结构的房子穿插在街道里，有年代感的尖顶木房子像是上了包浆的古董，看起来反倒更加突出，一般是开成时尚餐厅等店铺，被居民们小心呵护。乌鸦停落在一栋废弃许久的旧砖房顶，一旁的高龄柿子树仿佛随时等待着被暴风雨里的雷电击中燃烧化成灰烬，依旧结满了红烂的果实挂在冬日晴空下，树下是卖热狗汉堡的黑白两色移动小房车，缩在外套里

的人等着中午果腹的口粮。眯眼看着眼前这城市开发遗留的缝隙，有点传统古风遗迹和美式现代风格的混搭。

另一栋漆成黄颜色的三角形尖顶小屋，里面售卖名字看起来像欧美牌子实则是本土自创的品牌服装。进店看看，服装风格是美式户外工装风与日式简约的混合，穿上后发觉是日本特有的宽松剪裁，美式的自由舒适与东方古来的淡漠自在不经意间巧妙相融。挑了一件短款海军蓝棉布夹克，宽绰开敞的后摆鼓着风，独特微妙，有点像去野外露营观察昆虫时的穿搭。这种河川边的小店执着于自己的乐趣，别无分店，难以被大量复制。

走累了可以试试街边年轻夫妇开的私房菜小店，路过先前看到的木格拉门的木质古旧小屋，清爽短发的女生似乎不怕冷，没穿外套，坐在细窄的木头走廊上用餐，面对来往行人。后来进店后发现是她来点单，开放厨房台面后她的长发老公是料理担当。室内风格质朴雅致，简单刷白的墙面露出砖头砌墙的痕迹，墙上挂着外国美人广告画和乐队吉他手的英文插画，小巧的北欧风吊灯将光洒在在木质桌椅上。在这种晚饭前的时段吃饭的还有几桌，有女生在木格拉门边一个人看书吃饭，距离很近的旁边有两个女生在聊天。我们点了定食套餐，邻桌坐了两个大学生，本来一边闲聊说笑一边吃着盘中的蔬菜和炖肉，声音不知怎么变小了点，大概是听见中文又不方便投来好奇目光。

　　餐后甜点是红豆年糕汤，里面加了小片栗子，盛在木碗里由短发女生端来。倒有点不好意思了，每任性随意加一道菜就要厨台后的长发男卷起袖子多费工序制作。近距离目睹现实中的中目黑，发现全是日常磨损人的重量。回去的路上想，店里的氛围舒适，是离不开人群的，人群建立起合适的公共生态系统，气味相投的人聚集在一起，在某一时空里存在、相遇、心领神会，能量在此传播与扩散，让人可以互相取暖。

浅草 下町

　　从代官山、中目黑切换到下町，可以看出这个城市丰厚的层次感，只需换乘几条地铁线，就能从时髦前卫的街区转移到有江户风情的下町老城，在设计感和温度生活之间自由切换。

　　江户时代，地势低洼的下町老城是庶民的居住区，幕府的大名武士则居住在名为"山手"的高地上城区，历史上的下町是创造出热闹百姓生活的老区闹市，工匠与商人在这里聚居，生产制作出用以交换的商品，是当时工业、制造业的聚集地。如今越过追求经济增长速度的阶段后，制造业、手工业中追求匠心品质的商铺在下町生长复苏，追忆着曾经的生活节奏与质朴的味道。在藏前、清澄白河、谷根千、墨田的街巷里漫步，可见很多年轻艺术家和创意者开设的店铺、画廊、咖啡厅，风格融合了历史的韵味与时代的风尚，在时空的碰撞中衍生出当下日本特有的创意文化生活趣味。

　　决定去挂着写有巨大"雷门"字样灯笼的观光名地浅草寺转转。作为下町的老牌地标同时是东京最古老的寺庙，有着约 1400 年历史的浅草寺是看

过太多变迁兴衰的老灵魂。经历过地震、火灾、
战乱带来的毁灭，古寺每次都能艰难重生。
现今的浅草寺每天早晨六点敲响晨钟，僧人
开始一天的晨课，法会上念祷的诵词祈求着
一方的和平，祝福着人们。

　　人群里有穿冬季和服的小姐姐，后领拉
低露出颈脖，走在熙攘拥挤的参道上。从雷
门进去后的仲见世参道是日本最古老的商业
街之一，约 300 米长的参道两侧布满了琳琅
的商铺，售卖民间艺人、匠人制作的小物件，
整条街充满江户风情，随意游逛，沉浸在如
江户浮世绘般的街市文化里。

　　浅草寺本堂前聚集了各种肤色的游人，穿和服独自游逛的大爷用小相机遮住一只眼，本堂里求签的男女将签文系上木架。一点金色的余晖涂抹在大殿的朱红漆柱梁上，黑漆木门包着金色的图案，穿羽绒服的头顶微秃的男人双手插袋走下台阶，当日堂上法会念诵的是《大般若经》，本堂旁焚毁又重建的五重塔最上层供奉着佛舍利。

　　从雷门出来，是悬挂巨大灯笼的通道，即使在最杂乱、不正经的下町夹缝里，隅田川浑浊的河水流淌着，不起眼的小人物有着不起眼的生存之道。

在雷门外马路对面，有隈研吾设计的浅草文化观光中心。这是一座现代小型塔楼，作为垂直的综合体建筑，承担着浅草雷门的旅游文化接待以及商业餐厅等功能。这座塔楼的位置与整个浅草寺片区的古迹相呼应，若将雷门、仲见世参道、浅草寺本堂连成一条中轴线，本堂旁的五重塔与雷门旁的新型塔楼可成对角线与中轴交汇遥望。

塔楼综合体从外形看由一系列体块累加而成，数层不规则几何体体块进行了轻微的错位，通过立面上的进退互相叠加组合。每层的玻璃幕墙外安装了木格栅，竖向的木头分隔装饰为幕墙带来老城的温度，玻璃内侧使用了细密的窗纱，让整个塔楼从外侧看自带东方的柔和滤镜，在周围热闹的商业街市中质朴而清新。累积叠加的塔楼体块出挑了不规则形状的屋檐，由薄钢板制成，象征了传统古塔伸展的出檐。体块外带有观景露台，在不同的楼层面朝不同的方向，阳台的玻璃栏板轻透地安装在黑色的薄钢板上。

　　建筑的一层用作接待游客咨询的旅游信息中心，中部楼层为举办文化活动的展会厅，餐厅等商业消费空间位于塔楼的高层。建筑内部有钢结构的开放楼梯，沿着楼梯可以一直走上塔楼，参观室内的一系列通高空间。当日的展会厅内在举办插花活动，不想等满员电梯可走开放楼梯游览。在建筑的高层部分，楼梯穿出塔楼从室内来到室外，抵达咖啡厅和观景平台。平台的视野很好，可以看见隅田川边的晴空塔、浅草寺片区的中轴线、淡绿色屋顶的参道商店街、暮霭中隐约可见的五重塔。玻璃盒子里的咖啡厅是很好的眺望古迹与现实繁华的场所，观景露台上有木头长凳供人小坐，抬头可见露台上用Ｔ形钢撑起的玻璃屋檐，Ｔ形钢与五重塔的木构小挑梁相呼应，是设计中体现现代杆件与古代建筑元素互动的小心思。

　　站在多个朝向的露台上俯瞰浅草的街巷，拥挤又不失秩序的小楼街区里生出一种及时行乐的老派气息，这里是颇有看头的小剧场、居酒屋料亭、爵士酒吧、药妆店自由蔓延的地方，可以产生各种美好或者不美好的回忆。一片粉色的云团像棉花糖，浮在隅田川上方，一旁的广告牌上印着穿白色背心、手持乳酸菌饮料可尔必思的女明星，朝日生啤招牌的下方是猫型机器人的卡通图案。粉蓝或粉绿的色块配着淡淡的天色，古寺和周围的商业相融合，安稳消退于城市的欲望中，从半空远看，一切都清清淡淡。这座带露台的现代塔楼非常轻盈通透，与古寺建筑形成了反差，最后一起消隐于下町的暮色街市中。

押上设计酒店
ONE@Tokyo

来押上并不是为了晴空塔，是为了因晴空塔的旅游效应而建造的设计酒店。酒店 ONE@Tokyo 是隈研吾操刀设计的，下町之行似乎常与他的作品相伴，东京的街巷夹缝里总是有这位乡建起家的建筑师留下的温暖痕迹。押上在浅草线的终点站，方便由此去浅草观光或者转地铁去下町别处，押上站给人的印象意外有点清新，除了要注意无意间回头时会被巨大的近在眼前的晴空塔钢结构柱身"偷袭"，眼前的小路还是很干净安静的。蓝到明亮的天空让人怀疑大海是不是在附近，东京城中密集压迫的感受在此被蓝天和冷风一扫而空，路上只有少量行人挑着衣领低头急行。

　　酒店像一个银灰色的规则几何体太空装置，树立在与晴空塔相对的干净主街上。沿街的外立面挂着银灰色的规整金属板，墙上安装了竖条形细窄开窗，整个面平整纯粹得令人愉悦，未来感的气息充斥着长长的街道，整栋建筑仿佛老城里的一处空间站。酒店的入口处与一楼沿街落地窗的外墙上挂有零乱细长的木条，建筑师将木条钉成不规则的形状后装饰在底层墙面上，与立面形成强烈的对比。对两种特征的材料的转换与把握，传递了建筑师一贯的对创新与传统的态度，用平整纯粹来表现现代前卫材料，用夸张零乱来打破对传统材质的印象，二者的混搭碰撞打造出不脱离日本文化传统的对未来时代的革新与期待。

　　银灰色的质感延续到室内，铺设深色地毯的酒店内部安静舒适，不锈钢材质的使用、材料之间仔细到位的衔接等，给空间带来精细的密合感。一楼

大厅的接待台后有穿男款和服式样短褂的中年服务生，近似中分的油头和条纹短褂很有下町在地感，礼貌地将我们引领至电梯处。大厅内另一部分主要空间作为提供简餐的咖啡厅使用，顶部悬挂了柔软的白色织物，呈波浪形的自然弧度，以遮挡餐厅上空裸露的管道线路和结构，并且微透的织物软化了裸露设备带来的工业感。餐厅内的桌椅亦是用金属和木头拼配放置，除了两种材质的餐桌外，椅子也采用了方形有棱角的木椅和圆弧形的金属椅。靠墙部分是低矮的长吧台，墙上打制的木头柜架上摆放着酒水饮料和玻璃餐具，穿黑色厨师制服的卷发男生在吧台后调配各色软饮。

　　为了体验街区在地感，午饭时间像本地居住的年轻人一样随便走进附近的一家吉野家，点了牛肉饭套餐和烤鱼。店内餐桌被排成U形，于是大家一起围着桌子相对而坐吃盖饭，两排中间站着老板左右招呼。U形酒场这种充满传统人情味的居酒屋，在此处的吉野家得到保留，不过大家并没有像居酒屋那样热闹闲聊，旁边的上班族认真埋头在大份的午饭补给中，对面的女孩一脸倦怠地刷着手机。

　　小巷深处有稍微地道点的居酒屋。结束了一日的游逛，晚间在酒店旁的巷子里寻觅一间合适的店吃点寿司。照例的布制门帘和绿植掩映的格栅门后，一对老年夫妇迎接了我们，店主 Kin 桑头发花白，身穿半旧白色制服，简单用纸笔向我们推荐了寿司套餐种类，其余服务靠英文和东方的礼节维持着。和赤坂、表参道只管认真片鱼的寿司店不同，下町地界的私人小店多了些对人的关照，食客有附近的居民，有的和店主维持了几十年的交情。晚间坐在吧台上喝着热清酒，和老板随意说着自家闲话，打发一个夜晚，有点像是自家的餐厅和客厅的延续。生活的街区里能有这样一处城市客厅，让人放松，充满温情，还以为是日剧里的桥段。虽然一直避免在公共场所有过多存在感，不过此刻还是有点羡慕下町居民。

在押上住的酒店房间很狭小，大概 20 平方米不到，开间比较窄，主要靠进深弥补面积，屋顶也很高，缓和了空间上的逼仄感。一览无余的小房间内，家具和设施以装配的方式嵌入建筑里，宛若一个精致冷酷的空间站。门口侧方的卫生间用竖条形半透明材质推拉门相隔，整体以金属质感为主，是灰色调的极简风。房间内安装了不锈钢水槽，是有棱角的简约长方形，让人想起没有多余装饰的长方形块面镜子安装在水槽上方，二者一起成为高技派的物件组合，一旁墙上的衣架可以挂置外出回来的衣物。

房间内的收纳空间以壁柜的形式嵌入墙体，使用暖色调的木头做柜面，柜门关上后即可保持小空间的温馨整洁。打开分割精细的木头柜门，内有黑色搪瓷马克杯、小勺、黑色的滴落式咖啡机以及悠诗诗的咖啡胶囊。一片很薄的三角形木板作为靠窗的边桌，用黑色的金属杆件支撑着，另一边固定在壁柜上。同样是纤细的黑色杆件的台灯钉在柜子上，在窗口弯成醒目的直角，灯的灯头很小，照度和照明范围是精准合适的，使用感很舒适，三角形边桌下放着黑色的小冰箱。木制的床头板增加了厚度，充当可置物的实用床头柜，其上安装了控制面板，可方便精确地调节高屋顶上的照明。

被褥和床上用品也经过搭配设计，酒店选用了有太空感的寝具，鼓鼓的、柔软的白色被褥与薄木桌板、金属水槽形成质感上的对比，共同组成了有未来感的实用简约风格。小小的房间内床头面对的外墙被精确地划分成两部分，一部分是白纱窗帘遮挡的真实的窗户，面对着道路街景，另一部分安置了很大的屏幕。床的设计也有小趣味，向内退进的床腿制造出漂浮感，仿佛床具轻柔地漂浮在房间内，这样不显滞重的空气感家具为整个房间带来轻盈流通的氛围，如同酒店的设计理念：人们来来往往，不占有、不久留，生活是一场郊游。

　　实际生活在押上的数日也是这种轻盈的感觉，从地铁出来是习以为常的"怪兽"晴空塔局部特写，午饭时间钻进楼下巷子里的定食店和附近居民一起吃盖饭，晚上喝完酒后去酒店对面的便利店买零食和日用品，和有点疲惫的夜班年轻收款员说话，早上醒来后用酒店的咖啡机冲一杯黑咖啡，捧着马克杯靠在可控制推开幅度的平推窗

边，楼下是清淡安静的街景。银灰色的酒店窗框是这样纯粹、清新与禁欲，让人不禁感受到冷漠都市楼宇背后隐藏的巨大欲望。或许可以像某部日剧中的女主角那样，带着行李从东到西，换个地方开始生活。晚间回来的路上遇见等待通行的列车，红灯中放下的护栏切断了日常的节奏，挤在异乡的人群中度过停止的几分钟，可以短暂地遗忘过去，又或者过去的存在本来也没那么需要执着。去大堂的吧台和黑衣服务生点了两杯饮料，搭电梯到屋顶的露台，露台正对着晴空塔，并不宽，呈走廊形，嵌入地面的花池里栽种着细小的植物。露台的背景墙亦是装钉着零乱的木条，坐在长椅上靠着背景墙，被植物环绕着，天空中正是黑暗前的最后一抹晚霞。一边喝着冷掉的柠檬红茶，一边眺望着眼前的晴空塔，铁塔被打上了渐变的彩色灯光，自下而上为橙蓝紫，正好呼应了天空的色彩，镶嵌着远处都市的橙色的余晖、透蓝的云天、深紫的暗夜。

藏
前

在下町寻找放松的节奏，可以去藏前、清澄白河等处兜兜转转。街巷里散落了许多年轻人开办的艺廊展厅、咖啡厅、杂货店等，可以感受艺术家和创意者聚集的街区氛围。经过设计的店铺和产品流露出日本特有的气质——传统与风尚的自由混合，精致的日系杂货与人群为东京增添了独特的魅力。

保留了下町风情的藏前与隅田川相邻，不远处即是浅草和御徒町，交通便捷。这里曾经是江户职人聚集之处，如今很多工匠作坊依然选择此处，坐落在亲切老旧的楼群中，比如用手工植物染色的布艺品杂货店、售卖可调制专属墨水和浅草职人制作的纸笔的文具店、用旧仓库改造而成的兼具咖啡店和商铺功能的设计工作室等。在这样的街区散步，能够感受到艺术文化的内核，有别于纯商业的浮躁节奏，这里售卖的产品包含了店主的生活态度，类似于一种文化护身符。

追溯东京前身江户城的历史，幕府倒台后，失去经济后台的大名的宅院成为了闲置的土地，其上逐渐盖起昂贵的写字楼和公寓，即是东京都市机能最为集中的表参道、涩谷等上城区。曾经是庶民居住地的下町保留了相对低廉的地价和利润缓慢增长的产业模式，历史老铺的坚守与年轻艺术创意者的入驻，继承了这种慢节奏低索取的生存方式。这里的工匠作坊比起数字更看重人与人之间的纽带以及制造产品应有的速度，从各自内心坚守的理念出发来做产品，温度与能量一点点聚集在产品中，是别处难以复制的下町温度。

結わえる（结食堂）

　　近午时分抵达藏前，准备去主打健康杂粮套餐的结わえる吃午饭，比起食物内容本身，对店家如何将传统食材与朴素简洁的设计风格相融合，创造出有影响力的五谷潮流餐厅更为好奇。店内的午饭是自助选择，拿着托盘在柜台选择米饭菜蔬酱汤等。其中最为特别的是店家提供的米饭为经过发酵的玄米饭，也就是发酵后的糙米，是将糙米用高压锅蒸熟后保温放置三四天再供客人食用，制作工艺复杂精心，需要根据天气季节调节发酵的温度，是注入师傅心力的健康料理。提供的菜蔬是日式小菜，虽为常见的菜蔬，却根据时令采用无农药的有机蔬菜制成，同时配有店家自己腌制的酱菜，是清淡干净的手作料理。

旧屋改造而成的小店有着不起眼的门脸，旧旧的淡绿色门框似乎并不刻意扮新，保留曾经的历史也是一种宝贵的装饰，门口放着旧的木制长凳和一盆孤零零的绿植。店内分隔成两大间，进门的一间用作零售和结账区，摆满了琳琅满目的日本国产食材，从纳豆、梅干、玄米甘酒到甲州地区产的白葡萄酒、使用国产米粉烘焙的曲奇、纪州观音山百花天然蜜等。另一间为餐厅的食堂，白色分隔门上挂着稻草装饰的"笑门"字样和两个头戴红帽黑帽、满脸微笑的脸谱。进入食堂内，地面是毫无粉饰的磨旧水泥地，打餐的柜台下部由旧屉柜的木板钉制而成，悬挂着简易的灯泡用作照明，是非常朴素的旧日风格，像是穿越到曾经被剥离到只剩脚踏实地劳作的年代。

　　用餐时间的店内坐满了人，靠窗的位置也被占据，头上戴着发带的女店员招呼我们取菜。下町人民对待异乡人力求保持温暖的风度，比别处程式化的商业服务多一层亲切，由于去得比较晚菜品所余不多，女店员帮我们选好配菜，安置好座位，头发有点长的师傅穿着黑丁恤帮我们打味噌汤。发酵玄米饭上撒了浓厚的黑芝麻粉，浅褐色的粗陶盘中是煎三文鱼和沾了芝麻的蜜味蒸红薯，都是小分量，口味浓郁。日本精进料理去除多余复杂的内容，专注于食材本身，带给人感动。环顾店内，青年与中年人都有，靠窗边坐的几位已经吃完，身穿黑色羊绒开衫、头发卷曲蓬乱的中年大叔在开心地闲聊，

若是在外面遇见，一定想不到具有时尚感的他爱吃口味质朴的定食套餐。大家都脱了羽绒外套或大衣，和围巾一起放在身后椅子上，穿着各种素色淡色毛衣围着圆桌吃饭。一位短发女生聚焦在自己的餐盘里，低头后露出细细弯曲的发尾，恰到好处的短发在脖子上形成微妙的弧度。眼前浮现出瞬间定格的画面：在自己的国家，留着清新可爱刀工干净的发型，穿宽松柔软的浅色毛衣，吃适合脾胃的文创餐厅，温柔简约地生活着。

餐后在外间的零售区流连，选购了可储存的干货零食等，以及日本特有的适合冬日滋养的玄米甘酒。挑选了两瓶价格适中的甲州白葡萄酒，清淡透绿的琥珀色液体，在宾馆里就被喝完。洗完澡裹着浴袍，歪在小房间里随意切换着电视节目，或是对着窗外救护车呼啸而过的大街怔怔发呆，慢慢吞下玻璃杯中清淡酸涩的液体。很想去种葡萄的山里看一看，这样的酒适合穿着浴袍在山里的露台上若有所思地孤单饮用。

Nui. HOTEL & BAR LOUNGE
（努伊青年旅舍及酒吧）

与结食堂相邻的店铺为有名的青旅 Nui，是背包客日本（Backpackers'Japan）的 2 号店，一层为咖啡店，夜晚是餐厅兼作酒吧，二层以上是单间和多人客房。午饭后若不急着去别处，正好可在隅田川边漫步休息，然后进 Nui 里喝一杯。创始人选择了一栋 300 年历史的玩具公司仓库旧址，改造后成了国际青年们爱驻扎的地方。白色大楼的一层安装了通高的锈钢框玻璃幕墙，为旅馆增添了糅合岁月与多元文化的复古时尚感，幕墙外安置了盆栽和爬藤绿植架作为装饰，二层客房的窗户安装了轻便的不锈钢窗框，窗口正在晾晒青年们使用过的被褥，褐绿灰白的素色被垫接地气地垂在窗外，等待着下一波国际旅人背包来此落脚。

入口处玻璃幕墙外的黑板上写着菜单，咖啡与晚间酒水的价格也标注清楚，只比白日稍稍上浮就可点一杯鸡尾酒，沉浸在夜晚的灯光里。门口有供人闲坐的旧桌椅，钢铁架子上架着一排骑行单车，河川边的阳光洒下巨大的光圈，玻璃后有一排对街而坐的位置，正好可以对着干净的小路看过客、发呆，旁边的衣架上挂着一排外套，供衣服的主人穿上后潇洒出门去往任意地方。

　　旅馆的大堂是通高的仓库风格，保留了旧玩具仓库的锈钢钢结构，与水泥墙面、地面组合成酷酷的现代感，顶面设备裸露在空间里，搭配了一圈黑色的杆件灯。顶上吊着灰色的旧电扇，与木质树桩和异形木制桌椅一起，营造出非洲风格的走向。在吧台点了埃塞俄比亚果香手冲咖啡和艾尔精酿啤酒。吧台由橡木组装而成，有手工制作的痕迹，后方混凝土墙壁上的简易架子摆放着酒精饮料，女咖啡师态度温婉地进行着手冲，散发出安定的气场，对各国青年的到来习以为常。

　　选择一张多边形北海道木头桌子落座，从白天起就喝着清淡的精酿啤酒，看着窗外水洗蓝的天色。大堂里主要听闻日语，并不见欧美大胡子的背包客，其中有没有大阪来此出差的就不得知了。氛围总体依旧是热闹开放的，和隔壁吃玄米饭的热闹法略有不同。虽然此刻午间没有欧美的大胡子在座，大家依然用欧美大胡子的标准维持着公共空间的交流态度。年轻男女或者女女的组合，多有非常好看的真实笑容，一起看着摄影图片或是戴着耳机听音乐，很是自由愉悦。他们的衣着也偏轻简单薄，内搭印花卫衣和 T 恤，似乎年轻就可以发光发热来抵御寒冷。

店名 Nui 是日语里"缝制"的意思，如同设计风格上混合了仓库的改造与工匠的木作，旧日废弃处被缝制成前卫多元的文化场所。对于整个城市来说，这个修补缝合后的奇妙空间具有独特的治愈能力。若是居住在周边，可以沿河跑步后进来喝一杯，或是在无处排遣的时刻来此坐坐，用一杯咖啡的时间，在大堂里看各种各样的人，充满活力的感觉洗去了日常的沉闷。如同门口木头书架上摆放的旅行指南，异乡的背包客带来旅行的自在感，即便自身困于日常细琐，在对所有人开放的大堂里亦能找到一点旅人的感觉。喜欢这种流动的力量，可对固定日常产生客观提醒。缝合治愈人心大概是这处空间背后的理念吧，对外界持有开放的态度，将自身置于更大的引力场中，保持开放与洒脱。这种观念产生的缝合人心的空间，的确又暖又酷。

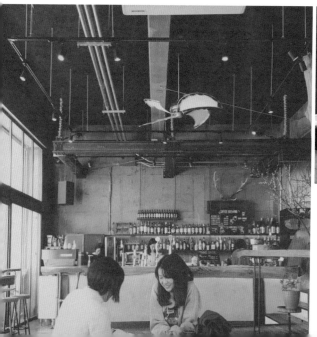

Naot（娜奥特鞋店）

　　沿着隅田川边散步，走下正在施工的蓝绿色的钢结构桥，来到亲水的河岸边。朝浅草寺的方向前行，遥看着隔岸伫立的晴空塔，水波映上些许天色的蓝，凉凉的空气中有水草味，又像是淡淡模糊的西瓜汁的味道。码头边停靠着游轮，河川中偶尔驶过供居民搭乘的水上巴士，淡绿银灰的扁壳船身如同未来的生物漂浮而行。河岸边有许多临河的公寓楼，紧密挨着的现代小楼色彩雅致活泼，仿佛现代生活的理想场所。若觅得一处自己的居所，兼具窗外河川景观与现代便利的房屋质量，实属都市夹缝中安身的理想选择。部分公寓被用作商铺，成为西餐厅和咖啡店。午后三点半，面河的餐厅里依旧有举杯言欢的男女，微醺的面色，微卷的长发，隔着距离看他人，总是幸福且热闹的。路边蹲坐着流浪猫，有着黑白相间的干净花色，不远处有一只待填补的空碗，明明是饿着肚子等待被投喂，却画风清新地夹坐在粉绿和粉蓝色的日系栏杆间。

　　顺道去河边的 Naot 店铺买鞋，是以色列生产的手工鞋，可爱朴素的圆弧轮廓契合了日本文化对鞋的标准——内敛舒适，克制的自我表达。鞋店在河边小巷的一栋小楼里，名牌木板在楼道口低调地放着，很容易就错过。上到二楼，普通的民居门口摆放了纤细的植物盆栽，衬着留白的素墙，黑色门牌上用更小的字写着名字，视觉效果很好，如同通关的暗号，这设计感说明没有来错。品牌的另一家店在奈良，在奈良和东京两边跑的女店员有着关西的质感。店内温暖明亮，小小的店内还有几组客人在选择，其中一名全身黑色的女性正在选购一双黑色的系带鞋，低调认真的样子，与她的黑框镜一起彰显了此地的生存态度。

工匠职人的生存之道是这片土地的水系，浸润着人们。比起左思右想，不如没空想太多，埋头在自己的劳作中，在重复的单调作业中找到自我。这里的生活方式也是相对低碳的，所以可以放慢脚步，易满足的生存状态来源于充沛的内心。工匠有自己创造和守护的世界，现实中的能量汲取不过是为了维持肉身，创造出的世界庇护着日常。漫步在东京，感受着建筑与其他产品中包含的文化维度，有生产者对作品的沉浸式的爱，于是物件拥有了隐喻，这份向内的褶皱让日常现实不再空漠。

墨田北斋美术馆

妹岛和世设计的墨田北斋美术馆位于墨田区的两国地区，同样位于下町，两国的街道与藏前相比多了一份普通生活的日常感。从大江户线的两国站出来，往锦糸町方向漫步，可以看见 20 世纪 90 年代建成的江户东京博物馆。巨大的三角形屋顶矗立在眼前，在两国的天空下异形的体块诉说着建筑师对历史与未来的理解，馆内陈设的展品诉说着从江户到东京的历史过往，整个博物馆如同一架保存文明的诺亚方舟。作为代谢主义的建筑作品，它是一座从建筑尺度角度出发的构思巧妙的大型构筑物。以整座建筑物大小为尺度而设计的柱子、核心筒以及屋顶尺度的梁等，让博物馆有着巨大尺度的架空体量，把日常生活中的尺度放大，产生夸张的震撼感。

　　两国地区因相扑而闻名，地铁不远处是可以观看相扑比赛的两国国技馆。在江户时代这里是"武藏国"与"下总国"的地界，由两国桥连接得名。在两国国技馆附近的街道上散步，每隔一段路就能看见相扑力士的塑像，路边的餐馆也爱打着相似的招牌：相扑火锅。一边想着相扑锅一边往葛饰北斋美术馆的方向走，午后的街道沐浴在清淡的空气里，路上行人不多，沿街的店铺有挂着布帘的 U 形酒场和可以喝茶的日式点心铺。路过一处公共澡堂，古朴的木门透出淡淡的沐浴露气味，若是住在附近可以穿着木屐来此泡澡，街区自带安宁闲适的生活味。

　　不远处就是墨田北斋美术馆，两国地区是葛饰北斋的诞生地，美术馆前的小公园里一片热闹，正是下午放学后的时段，这座墨田区的绿町公园成了低年级孩童的主场。很喜欢绿町这个名字，以绿冠名的街区，据说名字源于17 世纪，取自寓意吉祥的松树的绿色，附近还有绿小学、绿图书馆，明治时期的文学家在此居住后取笔名绿雨，一定是很爱这片街町。站在公园边眺望美术馆，整个建筑表现出柔和的银灰色，雾面铝板的使用让外立面看起来既温柔又有未来感。妹岛和世利用"裂缝"作为建筑的入口，将三角锥体裂缝语言嵌入建筑体块，使得外观上呈现出特殊的几何造型，令人印象深刻。

　　美术馆最初的设计理念是打造"开放、亲民的美术馆"，让人们可以轻松进入其中，并且与街区的环境、公园生活等融为一体。因此用多个方向的裂缝作为建筑的出入口，将一层建筑分为几个体块，承担不同的空间功能，空间之间以通道相连，人们从任一裂缝入口都可进入美术馆。美术馆常设展的票价也非常亲和，的确本着开放、亲民的初心，馆内有不少老年人，大概是葛饰北斋的粉丝。馆外的绿町公园内，有来回奔跑、脱成只穿短袖的儿童，长椅上的老妇人对着银灰色的建筑发呆，她身旁的金毛大概识破了我们是异乡人，突然开始吠叫。老妇人弱笑着说："抱歉呐，这孩子没有恶意。"这一幕是有点孤独的浮世景象。

美术馆的尺度非常亲切，考虑到周围的日常环境，设计师将用金属板做外立面的不规则建筑体块切割变小，通过裂缝切开建筑这一手法，让美术馆与周围的房屋的体量更加融合。裂缝切开建筑的手法是建筑中体与面的转换，将平整的外立面向里切开，获得更加立体细碎的体块与立面的丰富组合，是一种立体主义的诠释。妹岛和世的设计强调材质的使用，最早在柯布西耶的现代主义建筑中是用不同的颜色来强调体块转角，妹岛用柔和的雾面金属板搭配纯净的玻璃幕墙，让这座现代的异形建筑披上温柔清淡的外壳。

　　裂缝的切面安装了精细平整的玻璃幕墙，向内的切口既是底层的入口，也是楼上楼层的向内的开窗，向内的开窗保证了馆内气场的稳定。裂缝入口处有穿紫色长裙的女孩在独自等候，长裙的弧度与锥形入口通道组合成一抹物语气息。一楼被分裂成三处各自独立的空间，分别用作陈列葛饰北斋作品

及浮世绘画册的图书室、可容纳 100 人不定期举办免费美术研究讲座的讲座室，以及集合了综合服务台与葛饰北斋纪念品店功能的主要入口空间。地下一层有小范围的长条状寄存柜和哺乳室。

乘坐电梯来到三楼的特设展厅，最明显的感受是室内与室外形成反差，从外面看建筑是尽可能柔和又难掩冷酷感的金属材质外立面，展厅内是完整且纯粹的纯白空间，搭配色泽淡雅的原木地板，整个空间温柔细腻，如同一个外表冷酷的人保留了赤诚柔软的内核。展厅内以粉色和黄色为布景，布置展出葛饰北斋的小幅浮世绘，婀娜清雅的江户美人图与现代的展厅清淡相融。提炼出江户绘画意境的黄色与粉色布景，传递着昔日的温柔，令人放松。一起进入美术馆看画的青年男女，安静而略带拘谨地站在画前，他们认真看画的背影让人觉得拘谨也是一种美德。普通街区的普通男女，衣着普通、发型普通，坐普通的电车买价格普通的门票，安静地面壁看画，内敛的姿态与这个街区淡淡的平和相通。

旋转楼梯通往四楼常设展厅，尺度适宜的白色钢楼梯精致轻盈地贯穿楼层，淡色原木地板铺设在台阶上，为空间增添了一份清新。依旧是纯白纯粹的现代展厅，内部展示着葛饰北斋的相关资料，电子设备上以简单游戏形式展现葛饰北斋画作的内容，几名小学男生比拼着手速在玩屏幕上的益智游戏。一处仿古的和式房舍的局部映入视线，近前张望，简陋的房舍内葛饰北斋正坐在地上作画呢，一旁坐着他的女儿，手提毛笔在一旁辅助着。比真人尺寸略小一圈的葛饰北斋塑像偶尔挥动手中的画笔。他的女儿另一只手握着一根细长的烟管，两人身边扔着揉皱的画纸，还原了江户时期简陋却高产的艺术家工作室。几年前看过一部以葛饰北斋女儿为主角的电影，潇洒沉浸于绘画的她，与葛饰北斋笔下精致的江户美人不同，风格奔放地在铺满画纸的地上不修边幅地创作着，友人经常来看她，她潇洒地与对方保持着若即若离的距离，似乎早将绘画当作心中的寄托。友人的半途离世让阿荣看透了无常的诸行，平静克制到看不出情绪的波澜，执笔作画是她与世界对抗的方式。

　　四楼展厅外有一处展望厅，安放了一些简约的长凳供人休息，裂缝切开体块而成的窗户上贴附着妹岛和世常用的铁网，透过铁网可以看见远处朦朦胧胧的晴空塔。坐在白色的长凳上休息，打量着室内风格简单的内装，在纯素的空间内放空自己。标识导视的设计也很有妹岛的风格，柔和现代的视觉文字的设计，细节处也在努力守护着小小的宇宙。从窗口可以看到楼下被金属表皮围合的半开放庭院，枯树的枝干衬托着银灰色雾面铝板，组成富有生命张力的画面。

　　美术馆的狭窄后街上依旧是日常生活的景象，走过十字路口，有一间普通的修理工厂，磨旧的招牌和头上包着毛巾做工的青年，旁边的中型超市里有骑车来买晚饭食材的主妇。由于街道很窄，长发齐留海的女生拎着托特包贴着路边走过。想到葛饰阿荣的生平，荒乱人生里只能抓住一两样什么，如今这个街道里或许也住着这样的女生，在普通的日子里埋首于自己的田地。

年轻的主妇骑着自行车经过，想象着她回到某处的公寓，或许她每天按时喂养着一只彩色的乌龟。

　　顺着小街走回地铁站，晚饭选择了架空地铁站下的一家居酒屋，能听到列车进站时轨道的振动。店内有一组穿西装的公司职员在包场，脱了鞋坐在榻榻米上喝酒，氛围与白日不同，我们这些散客被领至小隔间，也有一个人来吃相扑锅的欧洲人。这天是除夕，面前的桌子上摆着相扑锅、烤鱼、烤鸡肉串这些常规的居酒屋食物，不可避免地要喝一点清酒，单膝跪着点单的服务生让人有点无所适从。每年选择这个时候出国，大概是为了避免与传统的年节正面相对，干脆将自己放逐到异乡，时间在地球的另一处运转正常，令人安心。耳边不时传来酒会的爆笑声，头顶列车驶过，轨道一阵轰鸣颤动。吃完相扑锅，摊开笔记本思考隔日的行程安排。

森鸥外
纪念馆

　　若想在东京寻觅一处能体验季节变迁与人情味的场所，谷根千地区或许是个选择。这个在东京山手线内的区域，在文京区与台东区一带，由谷中、根津、千驮木三地组成，由于躲过了战争中的空袭，以及未经大规模都市开发，这里保留了江户时期至今的风貌，有许多旧日格局的街道与木造小楼建筑物。这个地区散落着许多美食老店，有的是从昭和时期流传下来的家庭料理店，鳞次栉比的商店内老年人坐着售卖仙贝、可乐饼等寻常的地道食物。不少文人曾在此居住，比如夏目漱石、森鸥外、江户川乱步等，为这个地区增添了一抹文学的气息。现今有许多年轻人来此开店，改造后的老房子被赋予了新鲜的活力，与街区沉静安详的气质一起，混合出这个时代的色彩。

　　从千驮木地铁站出来，寻访位于团子坂的森鸥外纪念馆。团子坂是位于千驮木二丁目与三丁目之间的一条颇有地势的坡道，据说历史上是售卖团子的商贩的聚集之处，也有说法称是因为坡道陡滑，下雨天从坡上滚下来成了泥团而得名。无论是哪种说法，如今站在团子坂的十字路口，目力所及是一片街道齐整、干净清新的街区。沿街的商住小楼尺度适宜，浅色的楼群中点缀着砖红色的小建筑，小楼的底层多作商铺用，有一些很有人情味的老店，比如招牌磨损了的豆腐店，店门口摆放的长凳可以让人坐下来喝一杯温热的豆浆，和星巴克的豆乳拿铁相比，价格平实、环境放松接地气。

从路边的人行步道沿着坡路缓缓而上，路过一些匠人工坊和售卖和果子的铺子，可以感受到街道的旧日文人感。没多久就遇见了一幢灰色的现代建筑，即是森鸥外纪念馆。这里原本是森鸥外的旧居观潮楼的地址，他在此生活了约三十年直到去世，他的女儿作家森茉莉也曾在此居住。这座纪念馆于2012年建成，为了纪念作家的150周年诞辰，由建筑师陶器二三雄设计完成。这位与夏目漱石同时期的著名作家，在小说中多次将团子坂作为舞台背景。进入故居旧址上的纪念馆，仿佛进入了作家的家中。这是一座颇有私宅风格的现代建筑。

在这个充满历史感的街区中，新建的森鸥外纪念馆显眼却不突兀，以现代的灰色体块呈现在眼前，地面两层楼高的体量以合适的尺度融入街区环境，

姿态低调的同时保有了完整的体块感。外墙用灰色砖石砌筑而成，充满历史感的色泽显得平易近人，雅致的灰砖上以简约优美的文字低调地标注着馆名。沿街面的倾斜的大屋顶由金属格栅构成，给灰色的建筑体块增添了现代感。周围环境中的部分住宅楼遵循了顶部数层露台层层后退的手法，形成了一个斜面即侧立面上的梯形，是住宅天际线对城市空间的退让，令城市沿街面有机而活泼。森鸥外纪念馆的斜面屋顶使用了这一手法，遵循了街区建筑退让的秩序，使得体块纯粹而明显，低调且生动。

　　侧面为建筑的入口，建筑师在墙面上切出了一条缝作为入口处，完整的体块被切了条小缝后增添了生动的表情。三米多高的银色金属门在人靠近后自动打开，又在身后自动合上，一切都很静谧庄重。室内是挑高的空间，素色的清水混凝土墙壁被灯光间接打亮，森鸥外的头像呈现在光晕中。一楼大

厅设有接待处和纪念品商店，工作人员约35岁，像是家住附近的打临工女性，拿了英文版的说明指南给我们，简单交流后得知我们来自上海，因专业和兴趣来参观建筑，且对作家女儿森茉莉的书较感兴趣。本来是难以有交集的相遇，因为建筑或者文学而交会。

展厅被安置在地下一层，经过修长的清水混凝土楼梯间，可以感受空间纯净肃穆的美。挑高的楼梯间顶部安置着照明筒灯，柔和的光线打在墙壁上。建筑师为静谧深邃的行走空间添补了自然采光，在楼梯转角的平台处开有一方天窗，透过天窗可以看见户外的蓝天，这束洒向馆内的自然光与清素的混凝土形成对比，暗示可供陈列瞻仰的事迹与鲜活生命力的交织。森鸥外的文学作品中对人性解放与自由的渴求或许正像这方天窗，天窗越小，身在窗下幽深空间就越能感觉到光线的珍贵。

浏览了展厅内森鸥外的生平介绍：出身于武士世家的他早年学医，成为军医后留学德国，四年后回国，任职于军医学校成为明治时期政府高官。留德期间受尼采、叔本华等人思想的影响，回国后面对日本闭塞落后的局面，执笔写作以进行文化上的思想启蒙。处女作《舞姬》以作者的留德经历为原本：与德国女子相恋后迫于官僚制度和封建家庭的秩序而分手。面对现实的压力，森鸥外经历了一个正常人类的心理痛苦，最切己的私事，除受到自身家族的影响外，更有大而抽象的风气在左右着自己的选择。

森鸥外看过自由的状态，回到国内面对现实产生错位与不适，撰写文章与其对抗。他此后的小说一直延续着反抗人性压抑的主题，将国外的观念传播给更多的人群，弥合时空隔阂产生的落差，赋予新鲜思想新陈代谢的权利，让压抑隐忍的自我意志一点点伸张、扩展。如今行走在东京可以感受到充沛多样的文化与欲望，令人感慨，在这文京区地下一层幽暗安静的纪念馆内，默默沉淀着曾经文化先驱的斗争意志。

建筑的二楼是图书馆空间，内有森鸥外相关的文学研究资料，以及与谷根千地区有渊源的其他文人的情报资讯。拿了一册谷根千地区的文学散步地图，其上标注了夏目漱石、樋口一叶、石川啄木等文人的故居，这片老区确实担得起"日本近代文学发祥地"这个称号。

二楼对着庭院有一处精心设计的休息区，精巧的小空间很适合沉思发呆，一面墙安装了方形的整块玻璃落地窗，是一扇对着街区景致的窗口，靠着混凝土的一面安放了硬质长凳，纯净单一的空间突显了理性的美感。只有一次

的人生，想以怎样的方式度过呢？在观潮楼的旧址新建的二楼混凝土空间内，想起了在这里长大的森茉莉。她童年时随父亲在欧洲的经历化作其后漫长岁月里的巧克力，日常中时而吃一粒以便对抗周遭蔓延的现实又微腐的生活气。所以她才住很小的公寓，抗拒打扫，将稿纸随意散放，像法国老太太一样穿着黑裙子去附近的咖啡馆写作，自由地躺倒在自己的小房间内，拒绝认真生活。毕竟一本正经地遵从日常秩序为了积累或传承什么的日子，本质不过是由某种理念推动，好将肉身献祭给这日常。为了吃银座老店西餐而凌晨趴在床上写稿的森茉莉，想法要真实可爱许多。

从二楼可以看到内庭院，让这座纪念馆多了几分私宅感，若森鸥外是当代作家，盖这么一幢现代混凝土住宅倒也符合身份。可以看到隔壁的私宅住户，车库里停着白色的SUV，这个安静的街区早已实现现代便利与传统氛围共生。内庭院根据团子坂的地形，呈阶梯状从地上延伸至地下的立体空间，为地下展厅提供了采光，同时为一楼的咖啡厅带来了视觉美好的植物景观。咖啡厅外有一棵古老的银杏树，冬天叶子落尽，光秃秃地对着淡蓝的天空，阳光有一点刺眼。灰色的砖墙将院子围合，从后门走出来，是安详的住宅区，在小径上驻足看一会儿建筑的背面，院落后门处流露出曾经的住家感，增添了几分亲近，让人觉得这里供奉的不是被雕铸成像的名人，而是曾有血肉情感的真实的人。

谷根千地区

继续在谷根千老区散步，氛围舒服的小巷子里能偶遇各种改造后的新店，比如仿照欧洲分散式旅店的有名店铺 HAGISO 和民宿 hanare。闲置了 50 年的空屋曾经是东京艺术大学的学生宿舍，如今被改造成咖啡店和画廊，100 米开外是住宿楼。酒店的不同功能散布在街道的不同位置，可以去全黑色的小楼 HAGISO 里吃早午餐，看看东京艺术大学学生的作品展览，在咖啡馆里看书，洗澡得去日式公共浴池，晚上在团子坂的居酒屋里喝一杯啤酒，慢慢走回 hanare 的榻榻米房间睡觉。年轻人喜爱的自在生活在这个老区里通过改造旧屋而实现，西式的嬉皮与东方的闲散一拍即合，如同简约现代的设计和木制老房子互相融合，成为这个街区特别的时代风格。

路过经过改造的书店、咖啡馆、艺术工坊，看见热闹聚集的人群，不禁想起最早得知这个街区，是通过小川糸的小说《喋喋喃喃》。书中的女主角小笺在谷中街巷里开了家二手和服店"姬松屋"，和来买茶道用和服的男主角春一郎相遇。书中介绍了很多谷根千地区的美食和老店，从日式和果子到

星鳗寿司，从适合约会的日式咖啡馆到售卖用炭火烧煮的鸡肉锅的餐馆，小笺与春一郎短暂的见面时光仿佛谷根干的饮食男女地图。姬松屋是一幢2层木构小楼，楼下开店，楼上作为住所，小笺从外地来东京上学，念了插画类的专门学校，毕业后对纺织布料产生兴趣，在没有渊源的街区靠当地的人情做起了二手和服的买卖，店里的习惯是下雨天休息。这是一本充满季节感的书，从梅花写到待雪，小笺要面对离婚后父母两边新的家庭、与妹妹的相处、一起来东京后分手的男友、与已婚的春一郎的感情。生活的纠葛发生在街巷的四季中，被美食与节气包裹着，似乎即便发生什么也不至于完全崩塌。

从事数字工作的春一郎在身体出问题后遇见了小笺。两人一起去汤岛的情人坡，在梅花盛开的清冷夜晚，春一郎对小笺剖白了心情，觉得能活着真好，是已经很久没有的珍贵感觉。怀着温柔润泽的心情，两人在谷中的日暮里走

　过天桥，因为恐高而牵手，春一郎的手因害怕有一点潮湿，像煎蛋卷一样柔软温暖。这是很符合当地人情与季节感的故事。街边的老旧房屋在故事氛围的包裹下有了别样的味道，不是被时代遗忘的废弃品，是曾经被珍爱使用过的温润的痕迹，与年轻人来此开店后新装修的样式混合着，和那些轻食餐厅与烘焙店一起。新的人出现，新的事在发生。

　　随后路过夏目漱石的旧居，这里是他从英国归来后的住所，《我是猫》就是在这里写成。房舍已经拆除，只剩一块写着"故居旧址"的石碑和一堵

砖面墙。掩映的绿篱旁，一只猫正从墙上走来，神色凛然，用独特的视角看着人类世界。散步累了，走进一旁的便利店买饮料。开黑色斯巴鲁的女子从车上下来，她剪了很短的头发，穿紧身的黑皮衣，岁数在50岁以上，皮肤细腻。她大步跨进便利店买了一杯咖啡，很快又冲进车里沿着坡道开车而上，这暮色时分是去哪里见谁呢？离地铁站不远处即是根津神社，走在神社外的小巷里，路过雅致的花店和正宗的乌冬面馆，沿着参道进入神社。余晖照在神社的木构亭台与红色的鸟居上，沙石铺地衬托着高耸的古树，庭中空地上有牵着柴犬聊天的人和推着婴儿车的年轻主妇，是闲散的日常景象。遇见的中年人岁数和装扮仿佛小说里的人物，他进入神社前拿下毛毡礼帽，充满仪式感，有久住在附近的地道自如，谦卑的神情不知是否有所求。在傍晚的街巷散步，偶遇有历史的建筑与有故事的人，感受此地的文化气氛。

奈 良 美 智 咖 啡 店
A to Z café

冬日去东京正好遇上折扣季，免不了买点衣物装备。出国时追求轻盈感，只随身带一只登机箱，完全不够装，于是去六本木的一家无印良品买了只中等的行李箱。在网上查好衣物品牌，店铺在表参道后街的巷子里，在一个撑着透明伞的雨天前往。从热闹的表参道转入小巷，气氛切换成两种感觉。街巷里有漂亮且昂贵的私人住宅，庭院里静静开放着山茶花。店铺楼宇都经过精心设计，是玻璃、钢材与混凝土组成的乐曲，漫步其中足以满足视觉需求。想起谷川俊太郎描写东京的几句诗："青山的炉灶中面包正在膨起……东京是读完后丢弃的漫画的一页……东京是一口温暖悠长的吐息……东京有一张不善隐藏的扑克脸。"

走在雨后被水洗过的街巷里，天色青蓝，穿西装的职员在楼下吸烟。和缓慢骑着自行车的警察擦身而过，店铺门口的铁皮桶里插着透明雨伞。买了打折的冬日毛衣，剪裁宽松立体，一直在穿。试穿了刚上新的春款裙衫，暗卡其的蓬松款让人以为拥有它后生活会有秘密通道，店员用温柔的动作示意将头发包住后再穿以保护衣衫。收入衣柜后，生活有没有变得更有出口呢？就像为了封面的一杯手冲咖啡照片而买的杂志，为一种果实味道而买的浴盐，物品带来太多幻觉，消费品背后的想象大于物品本身，而现实依旧是坚实的小土山需要一勺一勺去铲。

　　走去奈良美智开的位于南青山 5 丁目附近的咖啡店 A to Z café，站在店铺楼下入口处，是粉丝对插画家的朝圣。他创作的斜瞪着眼的大头娃娃一度很流行，这位用蓬蓬的卷毛覆盖前额的画家是 50 后，从武藏野美术大学辍学后去了爱知县立艺术大学，1988 年前往德国就读于杜赛多夫艺术学院，十多年的旅德时光改写了时间在画家身上的流速。

　　看过一部关于奈良美智创作生活的纪录片，他成名后依然住在一栋简易的小楼里，拉开卷帘门就是街道，和车库的环境如出一辙，二楼有简易的床铺和水池操作台，一楼的大空间用来创作大型绘画。他穿着一件沾染油彩的旧 T 恤，头发凌乱地在车库般的工作室里跑上跑下，热情的姿态真实如孩童。他去附近的居酒屋吃晚饭，吃完后再回到"车库"对着画作抱臂沉思，大笔修改。穿着不羁的画家大概让街坊遇见也不以为是名人吧。

　　喜爱这种随意忘我的态度，可以沉浸在自己的感受中，将心力专注在作品上，不被外界的节奏牵制。A to Z Café 也给人这种沉浸式的感官体验。乘电梯上楼后来到柜台旁的等候区，黄颜色的简易沙发配木条长椅，天花上吊着一圈彩色的灯泡，墙上贴着印有画家作品的旧海报，空间传递着无心掩饰的孩子气，二手旧家具和粗糙的装饰风格立刻让人放松下来。身穿黑色圆领毛衣，褐色头发束成低马尾的女服务生将我们引入座位，比一般的服务人员多了几分年长的气质，看着像是美术相关的从业人员，对接待外国人也非常习惯。店里已经坐了几桌客人，像是在青山附近工作的职员，有工作室的设计师、旁边女子学院的老师等。翻开菜单，菜品是两种定食套餐，方便在咖啡店里制作食用，菜品简单也不忘照顾东方胃，并不是偏西式的轻食，点的套餐里竟然有勾芡后撒了玉米粒的汤汁泡饭。托盘上几样小碟，颜色经过设计搭配，是画家开的店没错了。两片北极贝上叠着圆圆嫩嫩的扇贝肉，煎蛋卷上的酱汁竟然有一点粉白。之前没觉得刺身拼盘里的食物有颜色的趣味，北极贝和蛋卷让整个桌面多了柔软的粉色和黄色，和空间里黄色的沙发、粉彩的灯光一起，令人沉浸在温柔的色彩组合中。

　　坐在白色的旧桌子边，怀着柔软的心情，轻轻戳破蛋卷。地面是极度粗糙和有裂痕的原始水泥地，桌椅是一碰就轻微晃动的旧物，动作也变得小心，带来与日常略微错位的体验，是一把对抗冷硬现实的温柔刀。餐厅里回荡着好听的音乐，音质厚重的音箱安置在身后的柜子上。店家选择的音乐体现了好品味，店里循环播放着神游舞曲、摇滚与爵士的混合风格曲目。音乐的好品味也是有迹可循，奈良美智是喜欢混迹于 live house 的，曾在夜店打碟，大概他能做个好 DJ。呆呆地听音乐到感动，大概是音乐可以流露出超越国别与语言的信号，只要一段音符，就能确认是不是同一种价值观。有种被击中的感觉，觉得青山是个好场所，有飘荡着这样旋律的店铺存在，文化与心灵不再寂寞。

室内的空间也爱用两种感觉来平衡，彩色的灯泡将墙壁映成淡淡一层粉黄或粉红，桌椅选用彩色的旧木儿童椅和有质感的皮沙发来混搭，是有童心的大人专座。餐后甜点吃了黄白夹层的三角形奶油蛋糕和冰淇淋。黄颜色无孔不入，偷袭眼睛，餐品设计的小心思让人莞尔，像是画家开的小玩笑。大玻璃窗外是整齐的素色楼宇，在有着严整意志的东京城中心，有许多夹缝般的地带存在，在夹缝中待一会儿，让头脑身心从秩序里恢复生机。很羡慕附近学院过来的年轻人，大大咧咧的年轻情侣坐在沙发上说笑，穿格子衬衫的女生独自一人坐在角落，点好餐后拿出本子在上面写字。喜欢这样夹缝般的地带，沉浸其中的感觉仿佛身处艺术家工作室，出去后看城市的眼光会发生微妙的变化。桌面和地面的纹路再多多磨损些吧，用原始的方式支付吧，白木收银台上的大头娃娃在看着你坏笑呢。

松栄堂、中川政七商店

　　在青山的小街转悠，走多远都不会觉得无聊，低调雅致的门面里，或许就有让人专程来寻觅的可爱品牌。每次都会顺道去中川政七商店的青山店看看，穿过青山大街，一路有许多宜人的现代小建筑，一面欣赏一面步行，只觉得道路短暂。路过松荣堂的青山香房，需要进去补货，在诸多香道品牌中选择这家，大概是跟京都的许多寺庙中都使用它有关，幽静的大殿里升起一缕甜凉。上次随意购入的混搭装里有一款桧木味，用完后一直念念不忘，这次打算专门买这款植物味线香。

　　临街的店铺在一栋建筑的架空一层，外墙贴砖的形式有点老旧，现代建筑的架势仍在，看得出保养得非常用心，旁边的底层是服装品牌 A.P.C. 的门店。松荣堂里客人不多，或者是目的明确直接来买某种线香的，或者是不太熟悉需要咨询很久的。实木风格的的货架搭配红色与黑色的地毯和展柜，营造出关西风格的历史感。圆球状的台灯很可爱，是东方纸灯的现代版，与藤编的垫子一起，把香道衬托得很可爱，拉近了与现代生活的距离。想到自己的一位喜爱香薰的金牛座女友，她把家里收拾得有点断舍离风格，晚上去玩时一定要开圆圆的地灯，点上蜡烛，沏好花草茶，然后坐在懒人沙发里听她谈论父母催婚的烦恼和另一个不可能有结果的男生的事。为自己买了桧木味线香，为她挑选了玫瑰味的线香，一定很适合她的房间，可以在氤氲的香气中听她的烦恼与心事。此外给自己买了以京都地名命名的檀香与沉香的混合制香，盲选了中间价格的两款，丁香和安息香的余韵非常抚慰神经。在上海多雨的时节点一根，顺便翻翻手边的设计杂志，空气里像有一圈保护层。这种感觉和制作手冲咖啡时被热水蒸腾出的咖啡香气类似，爱闻冲咖啡时的香气胜过喝咖啡本身，阴天时端着马克杯站在窗边，窗外的市井也没那么不堪。

　　店员是会讲英语的夫妇两人，初次来时男店员看着有点像日剧里的年轻配角，这次看怎么都长了好几岁。当时他先用日语讲解了半天，态度专业到让人不好打断。原本准备每年都去买点线香回来，被新冠疫情耽搁旅程后家里的库存还剩不少，这样的性价比让人怀疑究竟是商家用料太实在，还是上海最近没怎么下雨所以没怎么点香。另外家里偶有花束，文震亨在《长物志》里说鲜花与焚香不可共处一室，花触烟即萎，自从爱上在瓶插花枝下对着电脑写字，不免注意避免烟气。写这本书时是冬春季节，倒春寒的阴冷天气里，在满树枯枝的悬铃木下散步时遇见荷兰来的豌豆兰花，捧回家将娇嫩的粉色花蕊垂插在案头，浓郁花香扰人好梦，催促人在夜晚的灯下记录下行踪。

　　中川政七商店在一幢清水混凝土的商住楼里，立面简洁的小楼配上大开窗的幕墙，黑色的窗框与混凝土精致相衬，转角处一株白色的茶花刚过花期。

店内的装饰非常简洁低调，地面是大面积的抛光水泥地坪，毫不介意地自然开裂着，一副很潇洒素然的派头。顶面是裸露的现浇混凝土楼板，上面安装了管线桥架和白色的轨道射灯。空间里的置物柜是质朴的原木风格，最素的空间为繁复多样的产品提供陈列环境。穿黑色打底衫加白色背带围裙的女生迎接我们，附赠上小纸杯盛的黑豆大麦茶水。提着小巧的购物篮在店内挑选物件，走过水泥地坪的裂缝处，感受着这样自然豁达的审美风格，羡慕民众对美的正确态度。在上海的日常工作中，不免要和甲方为材质与风格进行讨论，时下流行的素简材质有时在上了年纪的甲方那里似乎象征了某个艰苦的年代，不能彰显身家、造价还不低，不能领略其中的美，好在其身边的年轻员工有对潮流的敏感度，最后得以让设计保留。身边多一点这样的店铺，审美观念或许会有所改变吧。

作为"土味"饮料爱好者，在店里买了梅子味的昆布茶，早上起来会喝一杯，还买了岛产植物拼配成的草药黑豆茶，纸袋包装上画着植物的速写，让人联想起它们生长在日本九州地区深山里的模样。铁罐装的红茶，浓郁甘滑的口感让人相信它是无农药的，印有小鹿的罐子可以用来搁置杂物首饰。熊野古道生长的、用铁釜炒制的奈良本地茶，味道简单深沉，大概是吸收了古道的地气。喜欢买这些质朴可爱的茶饮，可让人在城市里呼吸一口自然。

此外添置了些小物，印有草绿色水珠花纹的纯麻料手帕，是夏日离不开的爱用物；看起来没什么不同、穿后却离不开的有机棉袜子，色彩活泼很好穿搭。提供亲肤感与有机自然感，是店铺的宗旨。环顾店内，货架上挂着布制衣物和厚实的帆布包，摆着各色食材餐具、摆件小物等，带着奈良古老的

文化地气，为生活提供一份舒适柔软。用干净的食物和自然的材质养护肉身，品质不是杂乱的拼接，而是有机的，越是身处钢筋水泥中，这份来自自然物件的养护就越温馨。

　　说起爱穿布衣背布包的人，想到作家森见登美彦。他毕业于京都大学，回到家乡奈良生活写作，每周坐火车去京都取材。在杂志上见到他穿着淡绿色的短袖棉质Ｔ恤、柔软舒服的皮鞋，将自己安置在奈良这个古老的小城。奈良是一个走路时在街巷里会遇见鹿的城市，磁场与别处不同。在这个人与动物和谐共生的灵性地方，每日生活在自然与庙宇中，特色美食是柿叶寿司，咖啡店里可以喝葛根汤。在这里创建的设计品牌，融合了极简与自然，将绿色纳入生活，视觉上质朴清新。

青山街道建筑

在青山一带步行，可以欣赏许多精美的小建筑以及装扮精致的人，毕竟来这里逛街购物的人对衣着的视觉效果要求很高。安西水丸曾经将自己的工作室设定在青山，在他的笔下如今热闹的商业街区在 1972 年左右是一副朴素冷清的模样。当时的原宿、表参道附近已经聚集了一批艺术家工作室，插画师、摄影师、平面设计师、服装设计师等纷纷将工作室设立在此，现在有名的时装品牌 BEAMS 的店铺当时只是一家四叠半榻榻米大小的门店。青山兴起的历史与艺术家、文化人的努力奋斗同步调，这些出生于 20 世纪三四十年代的艺术家、设计师们努力追求自我，在冷清的时代靠一支笔、一张纸兑现梦想，奠定了如今的精彩，当然他们本身也获得了时代给予的回馈。

安西水丸的工作室在"S-TOWN 南青山"的一栋 8 层楼公寓里，在那里他租下了三楼的房间。这栋公寓里还住了他的工作合作伙伴，一位广告撰稿人，在楼里租了一间当工作室，又另租一间自住。看这些描述这栋公寓是非常典型常见的商住混合楼，以自由的形式根据住户的经济状况和职业需求灵活使用，很适合日本众多直接面向市场的个人或者小型商户的经济模式。在这种楼里居住生活好比在一条拿掉了护栏的路上行走，或许人生的道路本也没有护栏。和以围墙圈隔的住宅区相比，灵活的居住模式会给生活带来一些不同的视角，与都市节拍更加融合，小型的独立工作室也有了专业方便的运作场所。

　　以成熟开放的市场做底色，青山的沿街小宅具有丰富实用的独特表情。每一栋小建筑的建造有自身的历史与功能，根据土地拥有者的情况、宅基地的原始特征、业主的审美理念等造就了各自独一无二的存在。无需模仿也无法雷同，每一件作品都有自身的信息要传达，土地形态的有机灵活、思想情感的独立造就了街巷沿街立面丰富的表情。

　　这些小建筑里有的是高品质的现代独栋住宅，在寸土寸金的青山以混凝土或者白色方盒子打造，配以精致的杆件幕墙，或者为保护隐私开很小的窗洞，以彩色玻璃作装饰，底层架空的停车区偶有进口车安静地趴着；或者是私人居住的混凝土体块建筑，克制的开窗和纯粹的立面突显了主人雅致的品味，顶层露台上的轻钢构架和点缀的植物，向路人揭示了屋主生活休闲的冰山一角。路过的一座商住混合混凝土小建筑，用梁柱体系作框架，通过体块的进退表现造型，突出了弧形的部分，后退的部分以转轴线的形式制造倾斜的立面变化，除清水混凝土的主体外，二楼部分贴上了蓝绿色的面砖作装饰，与相邻侧面对比成立体感，灵活的建筑形式为使用者提供了灵活的生活空间。此地还有许多生动有趣的集合住宅，它们多使用变幻丰富的体块来打破重复的秩序，构筑自由灵活的空间形式，比如选择转角开窗来弱化体块的厚重感，增加了片状的比例，让建筑显得轻盈，适合年轻人合租共享的城市生活。用白色的栏杆和杆件为住宅增添轻快的节奏，突显了阳台、走廊联桥、屋顶露台等共享区域，用室外空间与城市生活做积极交流。

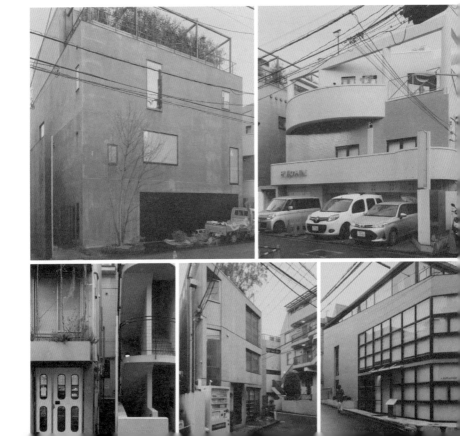

　　值得一提的是，从城市的视角看，这些多样化的小建筑保持个性的同时尊重了沿街立面的秩序。一个片区的建筑体块互相尊重着彼此的尺度和比例，互为参考和呼应，色彩上以素雅的色调为主。若是想欣赏私人小宅，青山的小街里倒是可以走一走，还可以遇见正在施工的小型工地。干净清爽的工地令人怜爱，有的工地隔了一年去看似乎进展缓慢，有的则看着它完工变身，其中的细节对从业者来说又是另一番故事。

　　如果对住宅感兴趣，可以专门在东京看一些明星建筑师的作品，它们分布在东京各处，尽管是私宅无法入内，但通过欣赏外观、查询信息可以一探日本住宅设计的精彩之处。日本建筑师学习西方的建筑手法后加入自身的思考，不断探索现代住宅与传统居住模式间的关系，并且进行了富有创意的勇敢尝试，制造出许多具有实验性和挑战性的不可思议的空间。

这些经典的名作都是因地制宜，敢于打破居住的固化模式。比如东孝光的自宅"塔之家"，狭小的基地上的地上五层每层为一室，建筑师自己的工作室被放在地下，厕所和浴室在中间楼层三楼，使用时需要克服的事宜成了这座房子的魅力。隈研吾为铁道迷设计的"铁之家"，用铁皮作为表皮材料以模仿列车，整个房子里没有梁和柱，坐落在路边的坡道上像一截车厢，铁皮内除了展示列车模型的专门空间，亦有一处温馨的和室作为女主人的茶室。

从屋主的兴趣和生活模式出发，设计理论之外，最好的装饰品就是生活中真实的趣味，毕竟建筑只是一种载体。而这个承载生活的空间若是被设计成有趣的模样，比如植物环绕的室内外空间、与邻里共享交流的露台等，或许可以影响生活的形态，给秩序里的生活样式带来一点温柔有趣的火花。

表参道

沿街立面建筑群

除了采购名牌的时尚男女，表参道上林立的国际级别建筑师设计的名牌店铺也让人应接不暇，驻足观赏获得视觉能量的同时，感叹这条参道是大师设计作品的陈列馆，即便与之相邻的后街建筑有时立刻切换成平常的小楼，主街精心搭建的世界级舞台，背后的心思故事里至少融入了许多匠心。

一路上可以见到众多具有美感的精致女性，使用名牌至少可让外表光鲜，用大师建筑做陈列容器的世界名牌店铺是一个梦幻的背景舞台。走在这条路上，东京现实的灰暗面变得模糊消隐，或者说为了对抗这份灰暗才需要梦幻中的舞台，拎着品牌纸袋走过参道是在满足自己多年编写的脚本，回到小公寓里再脱下水晶鞋。城市里应多搭建几处能够展现美丽事物的舞台。

从明治神宫朝着青山大街方向走，路过消费者年龄层低一些的原宿，榉树林荫道上是展现着各自个性的建筑作品。中村拓志设计的 TOKYU PLAZA（东急广场）立在十字路口，屋顶上的植物与几何形的露台构成的画面宛如天空之城，象征着这里是消费者的天堂。荷兰建筑公司设计的 GYRE 购物商场造型夸张，深褐色的体块堆叠着，以螺旋的形式旋转向上，体块缝隙间是面向城市的露台和交通空间，建筑仿佛想将自己打开，对着城市诉说。这里引入了各类高端品牌，纽约 MoMA 美术馆设计产品的海外店、潮流品牌 CDG 按照维多利亚博物馆样子打造的店铺也值得一逛。

旁边的白色建筑是 SANAA 设计的迪奥表参道店，温柔的白色表皮和周围形成了对比，SANAA 使用增加了朦胧感的双面玻璃幕墙，外层玻璃内层半透明材料的组合，非常的清透柔美，仿佛迪奥高端定制的纱裙，透露出女性美感。横向分割材质的使用打破了楼层的规则，这种不均匀感为建筑的分层制造了神秘感，屋顶有向内展示的露台，一切都符合对高端定制的隐秘想象。不远处伊东丰雄设计的 TOD'S 店铺以表参道上的榉树为灵感，在混凝土表面上设计了许多淡绿色的玻璃开窗，不规则的三角形开窗象征了树枝丫倒映在建筑上的光影肌理，如同一张投射了树影的纸张折叠包裹着建筑的外立面。建筑工艺非常精细，混凝土细腻平整，反射出的光泽使得墙面有可以与金属和织物媲美的光滑质感，无框的剔透玻璃完美地嵌入墙体，与混凝土组成平整的立面，仿佛淡荧的宝石嵌入建筑。

　　走过青山大街的十字路口，如同幕间休息，下半场的建筑巡演在继续。瑞士建筑师赫尔佐格和德梅隆设计的 MIU MIU 青山店醒目地立在街对面，大斜面的金属屋顶以简约的姿态切入城市，银灰色暗缝拼接的大屋顶明快简洁，斜面的动作手法让城市立面的节奏有了喘息的空间，建筑师设计的片状感强的现代挑檐檐廊，与一旁重编织肌理的店铺形成对比，侧面看亦是用简洁利落的转角切入内街小径。主街上有地标般的 PRADA 青山店，玻璃的塔楼以菱形大玻璃拼接，白日夜晚都以闪亮的姿态示人。

朝根津美术馆的方向，建筑的姿态变得内敛深沉，除了名人作品外，能遇见很多高品质的作品。路过一处红砖材料的商住综合体，古朴的材质为繁华的街道带来安心感，走入其中，惊讶于丰富的空间体验。走道和楼梯形成了许多"灰空间"，即难以归类的半室内半室外空间，为建筑内部提供了开敞的流通感和丰富的视野，行走在不同位置，捕捉变化多样的视觉角度，比如从平台上和楼梯上可看见不同的风景。砖墙栏板上的纤细扶手为建筑带来轻盈的线条感，庭院内栽种着稀疏可爱的植物，纤细的树干亦为空间增添了几分线条感。楼层的底部多为商铺，售卖有质感的素色服装，或者是手工制作的器皿，楼上适合开设艺术家工作室，通往顶层的楼梯外有一方露台，在画不出手稿的时刻可以躺在露台上，看着喧闹城市上空淡蓝的天际线。

这段表参道建筑巡礼或许可以用安藤忠雄的LA COLLEZIONE来收尾，这栋静静立在南青山街道上的小型商业综合体内开设了精品杂货店、服装设计工作室、有格调的美容院。从主街上看，这个圆弧形的混凝土建筑造型明显，混凝土框架体系内嵌套了圆形的体块，沿着圆形体块是圆弧形的楼梯，可以通往地下或者地上楼层。框架的外立面是沿着主街的实体墙面，为细腻平滑的灰色墙体，其后开了城市尺度的入口，入口处有二层楼通高，是建筑立面大小的尺度，入口旁露出了圆形体块的玻璃立面，清透与凝重形成交互的美感。

这座建筑中有安藤忠雄常用的语汇，互相对比的几何形体进行嵌套、穿插，以最为纯简的混凝土、玻璃、钢质杆件为材料，将抽象的几何形状以建筑的形式表现出来。进入建筑内的立体空间，丝毫不觉得是身处地下，在此处，

城市的地平面被重新定义。地下空间并不压抑，许多商铺开设在此，身处楼上的楼层也不觉得高，在立体的维度上感受建筑内部创造的空间感受。在内街上看这个建筑，从侧面可以看见用框架体系围合出的露台，与小街上相邻的建筑互相呼应，在植物掩映中可以看见内部工作室的活动，是建筑有意朝外界敞开的部分，从外面的隐约一瞥，增加了对建筑内部活动的猜想。低处的楼层用实体围墙做遮挡，纯粹而夸张的大尺度实体墙面和墙边匆匆路过的行人，构成一幅充满想象力的城市景象。

表 参 道 之 丘

　　行走累了需要补充体力，决定去安藤忠雄设计的表参道之丘里吃午饭。到达那里是下午时分，路过顶层的一家葡萄酒专门店，店内人们或站或坐很热闹，靠窗喝酒的女生脸色绯红，和同伴开心地说着话，看起来和平时光景大不相同，午后三点喝得这么放松，令人羡慕。沿坡道走了半天，选择了一家传统的日料店吃寿司，掀开帘幔入内，坐在木头吧台边，店内有携带家人、身穿羊毛大衣的中年人，吧台一角坐着与年轻女人共食的大叔，刺身拼盘里是入口即化的海胆和金枪鱼，倒清酒的老板娘仪态摇曳，令人忘记这儿是东京城中心。商业中心里的日料店有此品质，与安藤忠雄的标签很相符。

　　这座榉树大道上的商业中心的建筑形体十分明显，原址上重新建造的主体的玻璃立面有 250 米长，纯粹连贯的玻璃立面重新定义了城市的尺度，仅在入口处后退内折了一小块。由于表参道路面具有一定坡度，安藤忠雄将地势引入建筑，在建筑内部设计出连贯的坡道，是城市空间向室内空间的自然延伸。为了保证建筑的外立面不会太突兀，且可以让高度与榉树基本持平，建筑以地下三层地上三层的形式控制高度。局部的主体玻璃平台上有悬浮架空的混凝土盒子公寓，长条形体块的盒子具有规则的立面，一格格规律分布的公寓内阳台为城市提供了理性活泼的街景。在内部的商业街行走，最明显的感受是在爬坡，非常契合表参道之丘的名称，这些三维的坡道以螺旋的形式向上攀升，可从地下走到地上，六层的通高坡道串联起众多店铺。由于是个周末，许多人在室内逛街或者等人。

其后逛了一会儿，上楼找了家意大利餐厅休息。大概在表参道体内基础代谢的速度会加快，挤在热闹的陌生人中间非常有安全感，都是些下午想喝酒、有物欲的地球上的物种，有着超越言辞的共同性。向黑衣酒保点了阿佩罗鸡尾酒和香槟，下酒食物是千层面。在东京发现无论几点餐厅里都有人吃饭，用餐时间的灵活自由与职业形式多样相关。

这家意式餐厅黑色为主的墙面柜台显得雅致安静，造型文艺的人们小声交谈着，坐在舒服的皮沙发上品尝着气泡酒和饱满的橄榄，窗外是近距离的混凝土外立面，感叹自己的确是坐在安藤忠雄楼中的一个角落。这个下午，看着店里来往进出的雅痞人群和岁数不小的情侣，想象着他们的职业和生活，城市的气息一点点渗透进沙发里的身体。

值得一提的是，走在表参道之丘的后街上，看到这座建筑低调的背立面，上面覆盖着爬藤，弱化自身的存在，与街巷和地形相匹配的尺度很亲和。一个晴好的上午在这一带散步，逛一逛有趣的小店。有些在社交平台上常见的小品牌的门店就隐藏在这街巷中。以黑白素色为主、注重材质的服装店，店面设计结合了复古休闲与东方感，门店的地面是非常斑驳原始的木板，内部摆放着复古的家具，安装了简洁的灯泡，陈设着价格不低的天然材质设计师款衣物，低调而有实验精神。另一家专门去购物的店铺一样是在社交平台上查好地址前往，见到茧状灯球下的实物令人欣喜，二楼辟了块区域，货架上陈设有质感的二手碗碟器物，增添了服饰的文化厚度。

　　从青山往神宫外苑方向沿着小街步行，街道逐渐变得安静，独栋住宅混杂其中。外苑大道的十字路口处，白色的小楼底层是皆川明的工作室店铺。在这里买到了花色中意的手工缝制布包，暗绿的底色上有小小的杉树图案，是结合了北欧风的日式小物，还买了羊毛毡制作的可爱卡包。映衬着蓝天的白色小楼有红色的钢质门，店内黄蓝等明快色彩的圆凳上点缀着蝴蝶，有新上市的薄如蝉翼的高价连身裙、低头往手工包上缝制装饰物的店员，织物质感与手工制作带来宁静感，店内用自家的产品创造出自己的小世界。

　　神宫外苑的路上常见跑步的人，想到村上春树在散文里提过在神宫外苑
跑步，顿时觉得空气与蓝天别有意味，这里的确是闹市中相对安静与低密度
的区域。外墙刷成大面积明黄色的幼儿园引人驻足，院内有一株高耸的热带
植物，绿色的钢楼梯和开了许多小洞的钢板穿插院中，是使人心生愉悦的童
趣设计。回去的路上在小巷深处的咖啡店里喝了一杯咖啡，吃了两面烤脆的
鸡肉三明治，看着窗外发了会儿呆。站在门口抽烟休息的微胖年轻人是之前
店内向我们兜售衣物的店员，看来他在这里吃工作餐休息。双方都微妙地移
开眼神，仿佛并不记得彼此。

根津美术馆

　　青山表参道地段，有一座带日式庭院的私人美术馆，可以让人在购物消费的间隙接受艺术的洗礼，顺便喝杯茶喘口气，恢复一下物质与心灵间的平衡。这座收藏了大量传统茶道与佛教艺术品的根津家族的美术馆，在这个寸土寸金的商业地区显得别有一番意韵。建筑师隈研吾从基地的环境出发，使设计的建筑首先满足场地要求的功能性，承担好服务功能的同时在造型上尽可能地融合于环境，减少了自然庭院与建筑物之间的割裂感，新建的美术馆气场沉稳洗练，明显却不突兀。

站在十字路口与美术馆隔街相望，竹丛掩映后的建筑散发出静谧的气质，仿佛有一道看不见的结界横亘在中间。美术馆尺度适宜，体量有两层楼高，立面上挂着深灰色的宽钢板，钢板之间有窄缝，是从城市尺度向内过度的序曲。明显的斜屋顶运用了两种材料，大面积覆盖了日式传统波浪形瓦片，檐口处用现代的方式处理，薄钢板材质伸出的挑檐，令雨水可以顺着檐口自然落下，营造出雨天时东方传统的落雨意境。

从入口夹道的竹丛进入，右手边一条长长的檐廊下通道在眼前展开，充满荫翳感的通道宁静且震撼，色调以深灰色为主，古朴雅致，地上铺设了石板块面，两边有黑灰色的卵石夹道，营造了日式的自然感。通道被墙面和屋顶以倒 L 形的方式限定，墙面是整齐排列的竹格栅，采用了直径约 2 厘米的黄颜色细竹；深灰色的顶面是用锋利的变截面挑梁将钢质屋面轻快地伸出建筑主体，形成雅致的覆盖空间。另一侧围墙边留有自然采光，光线中竹色葱翠，明与暗相映成趣，走过这条通道，仿若经历了一段身心洗尘之旅。

购票后进入美术馆的主厅，左手边是展览空间，迎面所见的大厅主墙是柔和的浅灰色，优质的板材与木地板等构成了柔美的空间。主墙前陈列着四尊高矮不同的佛像文物，其中一尊乳白色端庄佛像周身散发出祥和气息，流传千年的佛像仍旧栩栩如生、打动人心，衬托得大厅愈发能量端正，只有东方传统形制的坡屋顶方能与之相配吧。大厅内的大屋顶延续覆盖了两层楼形成自然的通高空间，向左右两侧延伸的双坡屋顶满足了审美与功能需求，右侧的坡屋顶压低了从室外院子进来的自然光线，使展厅内的光线得到控制，

左侧的坡屋顶下安装了通向二层的楼梯，并且楼梯下的吊顶与二楼上方坡屋顶的坡度平行，使得空间丰富且纯粹。

　　大厅右侧面向庭院，玻璃幕墙前安置了一排残损的佛教石雕，压低的檐口处滤入庭院的光影，洒向珍贵的石雕佛像。这些来自中国的佛像多出自齐、梁年间，虽有残损却柔和纤美。打量坡屋顶的制作细节，发现屋顶的吊顶由木饰面做成，木板之间预留出黑色的照明轨道，整齐排列的现代照明设备与木饰面的结合打造出纯粹的顶面效果。

　　两个楼层以钢结构双跑楼梯连接，玻璃栏板以抓点的方式轻盈地固定在钢楼梯的侧面，通道处的栏板也是玻璃材质，设计为了追求通透的效果，大厅中无需突出的部分选用玻璃材质。大厅的右侧是两层高的LOFT空间，楼下是美术馆的商店，楼上为休息区，同样利用玻璃栏板将LOFT的体量感消除，从一层看尽量弱化二楼的空间感，让坡屋顶产生延续性，将LOFT很轻盈地塞入屋顶下。由于层高和面积有限，这儿成了无法用作展览空间的区域，仿佛东方传统中暧昧模糊的空间，正好在此安放一些木头长凳，供人休息或者凭栏眺望，欣赏大厅内的空间、佛像、光影、游人。

二楼的展厅内光线氛围恰到好处，条形玻璃展柜处的光线被突出，体块内放置着长卷书画，室内中间是独立的展台，立方体的玻璃罩，纯净地展示着瓷器物件。其余的展厅内有根津家族收藏的商周青铜器、日本书画等文物，亦有一方空间模拟展示了传统的茶道场景。看累了展览坐在展厅外长凳上休息，从展厅出来的一对老年夫妇引起了我的注意，在展厅中多次看到他们，两人身材瘦小，头发灰白，已是退休的年纪。夫人穿着洗旧的水红色防风短外套，背着磨旧的藏蓝色小书包。两人看得很认真，出来一边走路一边讨论比划着什么。物质上的淡泊和精神上的有所求令人难忘，很像在法国常见的老年知识分子，时间在他们身上以与日常不同的速度流过。

　　从馆内出来，进入室外的庭院，沿着蜿蜒曲折的石板小径漫步，空气中带有植物、泥土的馨香，不闻马路车声，只有高树中暗藏的鸟鸣，令人忘却身处闹市。布满青苔的石块垒起，围合的土坡上栽种着颇有年岁的草木植被，深深浅浅的绿色随意生长，在城中模拟了一处人造山林。沿着坡道小径慢慢游走，庭院内掩映了数座传统的房舍，保留了古老的名称，闲中庵、弘仁亭、斑鸠庵等名字发人遐想，联想到曾经闲静风雅的岁月。随处可见布满青苔的石头水洗，竹筒内流淌的清水待人掬起。残破的日式凉亭宛如遗迹，木格窗与屋檐上的旧瓦、落叶、野苔象征了日式侘寂，这一美学意识如今也流淌在日本现代设计的血液里。青铜制的小小佛像立在山脚径边，或狰狞或和善，根据佛的性格不同而定，甚至看到浇铸成双胞胎的佛像，游人将零钱放在佛像摊开的手掌中，堆满金银币的幽默感很是真实。

一台湖蓝色小型挖土机秀气地停在庭院一角，穿蓝色制服、包着头巾的园林工人正在进行作业，美术馆主厅前的草坪上也有老人在整理杂草。站在此处可以从正面欣赏两种材质组成的大屋顶。庭院内有一方水塘，隔着枝丫丛与游人相望，两只水鸟蹲在石头垒起的堤岸上，是晴日下清新安静的日式传统园林风光。跟着两个穿黑色长款羽绒服的韩国女生沿小径而上，她们看起来非常熟悉路径，身影很快消隐在绿荫中。站在石板路的半山腰，一座深褐色的现代建筑映入眼帘，以薄薄出挑的钢板做屋檐，两层楼高、竖向挂着不规则韵律的深褐色钢板的小建筑仿佛一座传统茶室，立面的金属表皮上开了个清透柔和的洞口，向内微微退进作为入口处，比例亦如同茶室小而克制的入口一般。

　　玻璃门上低调印着 NEZU CAFE（根津咖啡馆）的标识，实际的入口需要绕到山坡上的后方。入口处有排队等餐的长队，午后一点半，正是用餐的高峰。坐在长凳上等候，打量餐厅的采光设计。餐厅的三面是通透的无框玻璃，其中一面玻璃幕墙对着庭院，绿色的古老植物映入室内，光线仿佛被染绿，这种纯粹的横向取景的三面玻璃幕墙设计，消除了人与庭院之间的界限。咖啡馆的坡屋顶宛若空间的第五立面，三角形与其他多边形拼接折叠出屋顶，吊顶的内层使用了传统的和纸材料，肌理细腻。其中一片屋顶上方有自然光泻下，经过和纸肌理的过滤，光线变得均匀柔和，散射的光线洒向室内，旁边其余的和纸屋顶吸收反射了自然光，令屋顶的肌理也带有光感的变化。

人们坐在室内用餐喝茶，周遭是葱郁的古树，柔和的吊顶与染绿的光线让人像是进入一个传统风雅与现代精致交织的次元。穿黑色制服的中年服务生将我们引入靠窗边的座位，午后温暖的阳光洒入，窗外是延伸向室外的木甲板做的露台。点了色拉与红茶，条状的彩椒点缀着三文鱼丁土豆泥，是经过简单制作的干净食材，大吉岭红茶装在轻巧的骨瓷茶杯中，入口顺滑。休息时凝视露台旁的绿叶，瞥到邻桌坐的老妇人在安静地独自用餐，餐厅里有靠窗的条桌供人使用，独自对着草木喝下午茶亦可。抬头品味头顶的和纸材质，感慨这样的采光方式很有东方特点，制造出具有遮掩与抑制感的顶部采光，为了突出周围散射在庭院植物上的自然光，将光线与景致一起纳入室内，和西方强调顶部采光不同，是有诗意的对《阴翳礼赞》中建筑观点的追寻。

　　从美术馆出来时，发现入口处的商店卖茶道、香道、书道的物件，看见
一位身穿和服的短发妇人坐上了自己的丰田，像是参加完雅集活动后回家。
附近小街上有些与佛教相关的场所，有曹洞宗的办事处、服饰设计颇有现代
禅意的服装品牌的青山店，再走一些距离就是安葬着众多名人的青山灵园，
墓园内有大片的城市绿地，适合晴日散步。

文艺街区巡礼

神保町

在神保町附近的商店街住了一周，每天从宾馆出发去坐地铁，夜晚回到安静无人的商店街。从房间的窗口看出去是靖国大道一角巨大的乐器广告招牌，一条街都是乐器店，有明星和摇滚乐鼓手很自然地走在路上来此买设备。打开窗户，听着街市上飙过的摩托车声和短暂飘过的救护车声，把从附近巷子的扭蛋机里扭出的猫仔放在床头。经历了一次不大不小的地震，摇晃的7楼转瞬恢复平静，只有掉落的床头灯罩证明了颤动。

　　靖国大道上都是旧书店，由于是外国人，省却了努力淘书的烦恼。在窄门外朝深不见底的店内张望，堆至天花板的书后坐着弯腰店主，有的岁数也不大，是留齐肩长发的落拓男性，很符合这条街的氛围。转到后街的巷子里，寻找有年代感的咖啡店。常被名人推荐的有 Sabouru，LADRIO，Milonga 等老店，去的这家 Milonga 是 1953 年开业的，隐藏在窄巷里，外墙是有年代感的深红色砖墙，令人放松慢下脚步。羡慕能经常来这家店的周边居民，店里咖啡的价格并不贵，没有因为是老牌名店就提高门槛。

附近有许多大型出版社。店内靠窗的座位坐着些对着电脑工作的人，有的桌上放了许多书，大概是在附近买完书后进来喝一杯，顺便看书消磨下午的时光。角落里有人在聊天，穿搭质朴，似乎在讨论着什么。咖啡装在花色复古的杯子内，需要自己将牛奶加入，薄荷绿的鸡尾酒透露着昭和感。舒适的桌椅，昏暗的光线，缓缓流淌的音乐……周围不乏一些上了岁数的熟客。想起上海冬日的街头咖啡文化，站着聊天喝一杯特调咖啡，梅子与生姜酱混合抹在杯口，是酸甜的粉色心情，看路上匆匆而过一身黑衣的陌生年轻脸庞。

看过一部电影，发生在神保町的旧书店里。女主角贵子在经历了职场、情场失意后，为了短暂的逃避，在舅舅家的旧书店免费帮工。她住进了木构旧书店的二楼，住在极简的房间里，睡着略带霉味的被褥，与书为伴。下班后会去 Sabouru 喝咖啡，和那里打工的男生聊天。贵子将自己的全部生活委托给这个街区，最远是走去皇居散步。她爱好读近代文学，或许还能继承旧店铺，成为书店老板，名正言顺地终生生活在书的世界。一条书店街的气场可以保护人多久？身居蜗室可以将对外界的欲望全部淡忘吗？

　　走在夜晚的商店街，有时去便利店里买便当。下班后的上班族穿西装戴口罩，在便利店里挑选小玩意儿消磨时间，迟迟不愿回小公寓。收银的男孩已经面熟，看出我是中国人，偶尔投来好奇的眼神。在附近的路上走着很容易听到中文，等红灯时听到有人背台词般说要去浪漫的土耳其。商店街上有很多异国料理，除中华料理外，最多的是咖喱。从地铁站出来路过放学后的明治大学，和学生一起挤在路上。尝试了一家学校附近的咖喱店，开店的两个年轻男生也就是大学刚毕业的年纪，客人要在机器上自助点单。椭圆盘上盖满切好的大份炸猪排，有着普通地道的外观，一口咬下去觉得惊艳，酥嫩的油炸度经过精准测试，香料调配得当，味道真实有后劲，一定要辣到让人过瘾，才能在一条街的咖喱激战区中存活下来。吃得满头是汗，又有一波年轻学生在机器上点单后入内，吃完起身将吧台的位子让给他们。

晚上在宾馆楼下散步，去药妆店买了润唇膏和维生素，两位年轻的女孩在店里买了点小物，和收银员熟悉地调侃，随后出门消失在街道的夜色中。常去的一家居酒屋在靖国大道的地下一层，点单的服务生是华人后裔，会说简单的普通话。我们点了烤鸡肉串配梅酒苏打、地道美味的大蒜炒饭和小钵炖菜。店里氛围太热闹，必须要大声说话或者干脆闷头吃串，不停续杯绿茶梅酒和柚子梅酒，太好喝不小心就喝多了。这样吵闹的地下夜晚让人感动，空气中弥漫着在哪里都能生存下去的气息，没有太复杂的计较，充满简单自由的生命力。

　　居住的小巷旁有一家小型剧场，路过被其独特的建筑造型吸引，剧场并没开门，玻璃门上张贴着演出通告，当时觉得很厉害，不起眼的小街竟有这样文艺的场所。这座剧场外形显眼，运用了三角形灰色钢板，以黑色 H 型钢做骨架，以并不密合的方式拼接成建筑表皮，制造了一种随意的碎裂感，镂空处自然地形成开窗。金属表皮内安置着剧场，舞台和观众席作为封闭的内核被金属表皮包裹，在表皮和内核之间有一些空间，它们被作为接待厅使用，此处同时是爱好戏剧的文艺人士聚集的地方，如同城市里一处小型的公共空间，让有共同兴趣的人在此相遇，进行交流和竞争。建筑主体旁的疏散楼梯同样被三角形钢板遮挡，镂空的三角形中显现出人的游走活动。有人站在楼梯上吸一支烟，手肘撑在栏杆上，呼出烟气的瞬间，身后是密集的东京小楼和淡灰的天空。

吉祥寺和
井之头公园

　　从御茶水搭地铁去吉祥寺，和附近学校的大学生以及形色匆匆的上班族一起。天空的颜色是明艳清透的蓝色，空气中渗透着淡淡的水汽。上午 10 点的车厢接近满员，要找到座位并不容易，在新宿车站大量人流换乘的间隙空出了座位，旁边一起上车的学生立刻坐下抱着手臂打起了盹，沉重的背包放在脚下，仿佛在这座城市求学与打工是一场消耗体能的长期拉锯战。现实的感觉一点点袭来，多亏这位年轻人，在开往东京西郊的列车上破除了我想象中的美好，让日剧小说中的人物形象变得立体真实。

　　列车越往西开车厢越空，东京城外干净的阳光洒入车厢内，蓝色的天空下可见密集低矮的住宅区，推着婴儿车的年轻家长倚靠在车门边，仿佛在宣告这里是幸福生活的好地段。李柏由于没有合适的座位，从新宿到中野，一直站到三鹰站，看他脸色有点阴沉地看着窗外。由于此行的目的地是吉祥寺，换乘往回坐了一站后到达，下车后随意说笑了一会儿，他的心情才逐渐和天气同调。

从吉祥寺的车站出来是底层架空的热闹商业中心，坐手扶电梯下到南向路面，有商店招牌林立的繁华小街，车站北口是有名的 sunroad 商业街，超过两百家快餐店、居酒屋、咖啡店、酒吧集中在商店街周围。虽然是工作日的中午，依旧有许多情侣或者结伴而来的年轻人漫步在街道上，悠闲地打量着店内商品。顺着小路拐进店铺更为密集的口琴横丁，密集度名不虚传，如同口琴的齿孔，甚至更为参差和有机。有些和式料理店用厚些的半透明塑料布遮挡间隔，上了岁数的店主站在锅台后一边准备杂煮一边招呼客人。接地气的感觉让人想起一部日剧里的搞笑艺人，节目结束后在地道的居酒屋里边吃豆芽炒肉边喝嗨棒。口琴横丁里有许多这种廉价随意的饮食店，很适合没能在主流媒体出道的艺人深夜抒发心绪。

　　在口琴横丁的小巷里转了几圈，打算寻找一家合适的店吃午饭，最后决定这样的店还是留到晚上点灯后再来比较有气氛，按计划去餐厅 Funky 吃简单的西餐。据说这家店的老板是在庆应义塾大学吹萨克斯的老先生，算是音乐人开的料理店，酒吧位于口琴横丁外的路上，店面透露着一丝别致。推门进去，已是午间一点钟，不算大的店内仍有几桌人在小桌边用餐聊天，吧台上独自坐着三十多岁的男子，边读报纸边喝鸡尾酒，似乎是店里的常客。点餐的中年男性服务生，气质看起来没少和文化人厮混，向他咨询后点了葡萄酒，餐食是和风烤牛肉盖饭，饭上恰到好处地铺叠着烤南瓜茄子，一小撮豆苗混着芝士粉点缀其中。

　　一边听着店内缓缓流淌的爵士乐，一边喝酒，追加了烤牡蛎作为下酒菜，帮我们点单的中年店长暂时离开了店里，邻桌的男女一直在音乐声中聊天。打开包里随身带的散文翻看，尽量像本地人那样放松地体验片刻日常。看到安西水丸说他那个年代在吉祥寺漫步遇见的人，多数气质独特，带着难以言喻的优雅，没有丝毫的做作。这么说来这家他推荐的餐厅里的人确实也是如此，虽然外貌打扮看起来没有太夸张，却有经过沉淀的文化质感。走在路上遇见的年轻人大部分是"标准类型"，就像主街上也看见了优衣库的大型招牌，简约的状态是当下常见的风格，街道上透露着淡淡的闲散氛围，路上走着的大概有不少自由职业者。

武藏野的杂木林像城市的沼泽，默默吸纳了需要自由生活方式的人，这一带应该居住生活着许多艺术家。比起每日通勤上班的作息，在家或者在工作室里劳作的职业需要一些时空上的弹性。吉祥寺的包容多样性和井之头公园的自然风景带来了令人舒适的密度，安顿了肉身，在公园散步也可以换换脑子，寻求放空。商店街的酒吧或者咖啡店里聚集了有相同兴趣的人群，比如漫画家和从中央线其他地方搭地铁来相聚的乐队成员，多少有点低碳简朴的气质，用生活践行自己的独特人生。

　　冬日晴朗的天气好到过分，阳光很刺眼，我们很快走到池塘边，在长椅上坐着，看着公园旁的现代集合住宅。水池的长凳边也坐了几个年轻人，面朝公园的阳台公寓看起来非常中产。就如又吉直树所说，正是太喜爱这片地方，最后并没有住在这里，大多数自由职业的年轻人会选择略微偏远便宜的地段，来这里放松就好。公园里看见背着大大书包的年轻女孩，头上戴着毛线帽，包里露出一角画材。在日剧《咕咕是只猫》里，只有小岛麻子级别的漫画家才可以在公园附近租住独栋小楼，她会在创作的间隙在公园里遛猫，大部分时候是猫不见了去公园里找猫，或者是画不出来的时候在公园的长椅上发呆，旁边是围观下棋的老爷爷们，流浪汉和艺术家之间本就是一线之隔。

如果没有井之头这片城市沼泽，大概创作者更难调适心情吧。公园的夜晚也是真实的，小岛麻子领完漫画奖后坐地铁回家穿过漆黑的杂木林，身影孤独清冷，在得知自己的编辑结婚的夜晚，仿佛失恋一般，从黑暗的树干间看见如同幻觉的过往。与自然共处的生活里，也绕不开生老病死，漫画家生了病，宠物们也逝去了，唯有公园的樱花树每年春天再次抽芽，温柔地覆盖着遛狗发呆的过路人。在公园的长椅上默默坐到太阳西沉，旁边有一些儿童滑梯和奶牛形状的弹簧摇摇乐。年轻的父母带着小女孩，冬天傍晚的冷风吹红了女孩的鼻头，夕阳染金了她细软的长发，年轻的父母衣着朴素暗淡，与孩子间的互动却很温馨。在秋千上坐了一会儿，不远处有个老头在扫落叶，他将枯黄的叶片在沙地上一点点聚集起来，又停下手中的活计，远远看着玩秋千的中国人。

　　白色的天鹅游船散落在水面，水面被天色映成舒服的深蓝，人们很闲适地漂浮在船上亲水。这不过是一个平静的下午，没有见到聚集的杂耍年轻人，当然也没有在角落里练习搞笑段子的男生。沿着池塘步行，穿过水面上的长桥，绕到池塘的另一头，人群变得稀少，一座传统的小庙掩映在杂木林里，朱红色的拱桥与庙宇的殿廊给冬日的杂木林增添暖意。在御手洗的石槽处舀水洗手，细看殿堂边挂着的绘马牌上的心愿。角落里供奉的一尊小型石佛像前一名妇人在虔诚地行仪，似乎为身边的人祈求着什么。在此生活的本地人的烦恼渗透出来，寻求土地神的守护这样古老的行为在此处亦有。

　　杂木林的外缘有一条小路，路边白色的木屋是法式的咖啡厅，提供蛋包饭、可丽饼等，简约轻盈的就餐环境适合小聚，或者工作完成后顺便吃顿简餐，附近的居民在遛狗时也可以小坐片刻。回到公园的池塘边，岸边栖息着两只在打盹的水鸟，有人走近时警觉地睁开眼，羽毛有被野猫袭击过的痕迹。在水边的长凳上坐下，脚踩着被枯叶覆盖的软泥，体验井之头公园水边特有的温润静谧。

　　从住宅区走回吉祥寺，小巷里有家理发店，插画的招牌低调清淡，住宅社区照例是安静到沉闷，行动难免谨慎小心。吉祥寺车站附近的热闹像是一种反弹与爆发，先去站前的药妆店里买了护肤的精华乳液和精油系唇膏，挤在放学后不愿回家的女中学生之间，心态回到高中时光。街道上时有单纯闲逛的人，如此便也获得满足，像年轻人那样压马路，对物欲直接简单的好奇，整个街道充满了生命力。点亮灯后的站前街道变得更真实，居酒屋的竞争也很激烈，年轻的女孩手持菜单在路边招揽，表现出介于穷困与不良之间的一种生存状态，我用英语拒绝后引起了对方人群的模仿和议论，让人感到吉祥寺是个野生又刺激的地方。晚间的口琴横丁如同棋盘格状万花筒，转了几遭后完全被吸了进去，在居酒屋面前产生了选择的无力感，对吃饭这件事产生的客观感受令自己放弃了食欲。

怀着这样的心情去坐车，站前的年轻人越聚越多，汹涌如潮，女女、男男、男女的组合，年轻的脸庞上溢出兴奋的表情，笑容里不见压抑与阴翳。准备

一起去吃饭或者看演出的他们，充满能量地大声说话，站在站前久久不愿离去，仿佛在地铁站就能获得满足，似乎站着聊天、抽烟、发呆、大笑的大家都属于同一个组织。从设计的角度来看，比起视觉上的区分，内在的价值观是促成一个空间由内向外生长的芯，在吉祥寺和井之头公园闲晃，看看日剧小说里物语发生的环境，感受年轻人最真实的面貌，确认自己喜爱作品的价值观，实地触摸那柔软无形的宝贵的芯，再偶尔借助设计这种载体得到一点显现。在夜晚的满员列车上胡思乱想着，小心地将在吉祥寺吸取到的能量储存，仿佛一罐空气，以便缺氧的时候可以回忆。

银座周边

葛西临海公园

　　去冬日的海边，看葛西临海公园里谷口吉生的建筑。从神保町坐地铁去东京站，在东京站换乘 JR 京叶线，经 13 分钟 5 站的车程即可抵达海边。从葛西的地铁站出来，空气开始变得不一样，蔚蓝色的海边阳光在远方闪烁，短短的一段时间就从城市切换到自然。葛西所在的海边可以欣赏东京湾的美景，海湾另一头是千叶的迪士尼乐园。

　　谷口吉生设计了葛西临海公园内的观景展望台和水族馆，沿着步道朝海边走，一座颇具透明感的建筑反射着海边清透的阳光呈现在眼前。远看眼前这座玻璃直线型体量的建筑，造型轻盈通透，气场简约纯净，大面积地使用有节奏的玻璃幕墙，展现行人在其中的游走状态。从面向道路的一面观看，建筑内具有沿路面标高的二层平台，通过使用玻璃、钢结构与混凝土，构筑了简约通透的观景空间。公园内的路面伸入玻璃体量中间，在建筑中切入一个开口，作为建筑的入口。

　　入口的位置位于整座建筑的黄金分割点，将建筑空间从一层断开，二层空间由连廊相连接。入口空间是由两面通高的实体墙面将玻璃体块切开形成，保持了顶部空间的连续性，强调玻璃体块纯粹完整的同时制造了立面的变化。站在建筑外可以清楚看见，在两个被切分开的玻璃体量内各有一个实体体块，虚实组合的手法体现了谷口吉生建筑的特点。透过玻璃幕墙可以看到，其中较长的体量周围有长坡道围绕，游人可以沿着坡道缓慢攀升。

　　进入建筑内部，沿着坡道漫步向上，走到尽头处的观景大平台，伫立眺望不远处的海湾。继续顺着面海的坡道向上走，穿梭在幕墙与杆件构成的光影里。抬头可以看见夹在幕墙和白墙之间有一方小阳台，阳台突出于墙体，架空于走廊之上，用玻璃栏杆打造出轻盈感，同时让空间更加丰富。一路行至三楼，进入实体墙面内的黑色通道，其中展示着葛西公园的历史变迁，穿过安静的展示区，进入明亮的观景大平台，明与暗的空间切换充满诗意。

观景平台上安置着长凳和供人观览的望远镜，虽然是冬末季节，海边炽烈的阳光穿透玻璃幕墙，室内气温宛如初夏。眺望远处，海面上跳跃着白色刺眼的光点，海蓝的天空下时而有飞机直线划过。站在平台上回看走廊上的架空小阳台，有短发女孩在突出的阳台上拍照，穿着白色的裙衫，和清透的建筑氛围非常搭调。另外幕墙的构造也值得一看，纤细的白色杆件撑起了通高的整体幕墙，运用 X 形侧向支撑的杆件打造出抗风支撑体系，并且为建筑的内部空间增添了力学美感。

　　在平台一端接受了充足温暖阳光的馈赠，稍事休息后，穿过实墙夹道的展廊与架空连廊来到另一端的白色实墙体块内。与之前的坡道不同，这一处稍短的切分空间使用楼梯环绕着中间的实墙体块，顺着楼梯可以下到一层，形成一个完整的建筑内部行走回路。

　　建筑的底层空间用作餐厅和活动室，由于地处坡地，建筑从背面看是露出地面的玻璃通高空间，混凝土建造的基座层以半地下的形式显露于正面的草坡。从底层大厅的玻璃门出来，就是面朝大海的草坡与葛西公园。公园的这片树林与海边的湿地是东京重要的海鸟保护区，这片防风林内栖息着多种鸟类。走在枯黄的草坡上，吹着猛烈的海风，一直走了很远，回头看立在缓坡上的建筑。透明的钢结构玻璃盒子依旧是那样轻盈通透，在冬日的阳光下

干净、端正地存在，仿佛连身体内脏的构造都可以清清楚楚地示人，纯净、无保留地展现着自己。谷口吉生的建筑总有无名的力量，温柔地洗涤着人们。站在枯寂的草坡上被冷风吹乱头发，想要静静地多看它一会儿，能够与这样的建筑相遇，是人生中值得感谢的瞬间。

　　想要继续走到海边去看一看，穿过深绿色的常绿杂木林与长长的石桥，来到海边的沙洲和坡堤。石块铺砌的堤面缓缓切入大海，身穿白色衣裙的女孩依旧在拍照，手中清透的白纱在空中飘动，摄影师认真专注地用快门连续捕捉着女孩的身影，几乎和我们看建筑用了等长的时间。在冬日晴冷的海边，被白衣女孩注入了清新的力量。沿着海边漫步，海水拍打在细石海岸上，让人忍不住想蹲下身来触碰海水。深海蓝的水波寒冷刺骨宛如刀锋，让人觉得

寂寞又错乱。飞机低空划过，大概是从千叶成田机场的方向来的。眺望远方的海面，若隐若现的楼宇在海的另一方，毕竟是离东京都不远的城市海岸。海浪声中暗藏了城市的轰鸣，肺部被冷空气刺激着，隐约感受着不远处辽阔如海的都市的多元自由，想到两天后要坐飞机回自己的城市也很高兴。

　　与海岸上相隔数米的几个身影一起往回走，坡堤上有跑步而过的青年人，应该是附近居民在健身。草坡的一角有成片的油菜花兀自开放着，抽长的墨绿色花茎在海边的风中倾斜凌乱着，别有一番自由的野趣。透过嫩黄的花卉遥看坡地上的建筑，约75米长的白色钢结构玻璃盒子轻盈地存在，透过幕墙可以看见建筑内走动的人们，构成了看与被看的景观互动。一对老夫妇在建筑旁散步，穿着冬日的防风服，时而停下脚步用手机拍张照片，像是住在附近的住宅里，这里是他们每日排遣时光的地方。这座透明的观景建筑是供附近居民使用的公共空间，收纳与容载城市缝隙中的碎片时光，安抚一些孤独沉闷的生活片段。

在地铁站附近的便利店里买了鲑鱼饭团，坐在露天站台的塑料椅上，在海边的新鲜空气中吃着饭团等车。谷口吉生的建筑尽可能以内敛的姿态面对自然的海岸，为公园提供一处公共开敞的空间，成为逃离都市生活的容身之处。公园内同样有他设计的水族馆，他以穹顶的纯净球面体打造了沉浸式体验海洋生物的异空间。我们坐上回城的快车，身上仿佛带着沙子与阳光的海腥味，一点点切换回城市的状态，虽然内心依旧回荡着海岸的波澜。天色已暗，回到灯火华丽的银座，混迹在下班的人群中，一切看似如常。顺路去高岛屋的地下层觅食，来到百货里的寿司店，捏寿司的师傅是两名看似兄弟的老人，其中一人的老妻和女儿在店里帮忙，坐在木头吧台上，在新鲜的鱼生和温暖的抹茶中结束这一日。

GINZA SIX

在银座日本桥附近游玩，比较有归属感的是去高岛屋的地下食品层，因为看到村上春树在散文中提及的生日过法，是去银座高岛屋的地下买份高级便当，然后去附近淘黑胶唱片。被这种朴实而容易满足的过生日方式打动，一定要去尝试一下高岛屋的便当。在亮到晃眼的百货商店里目标明确地寻找样貌质朴的锦盒便当，便当里的配菜令人印象深刻，从烤鲑鱼旁边点缀的三两粒蜜渍黑豆和精心拼配的谷物米饭，可以看出商家用心的程度，甚至能看到流传了几代人的对食材的处理手法。乍看与普通便当差别不大的锦盒，细节处透露出良好的品质。吃完后在旁边商品琳琅满目的食品柜台购买了一保堂的煎茶和回去后放置到过期都吃不完的梅干。

在银座高档品牌云集，有时间沉淀或文化渊源的事物格外能让人安心，否则会像迷失的昆虫徒然消耗体能。穿行在许多欧美品牌店铺组成的繁华街道，沿街立面充满了商业的华丽感，一面打量商铺一面寻找与自己契合的符号。谷口吉生设计的商业中心 GINZA SIX 含蓄内敛地立在马路对面，以日本传统的暖帘为灵感设计的立面，金褐与黑色的搭配突显奢华与稳定。入口处有向内退进的中空挑高檐口，象征着传统建筑中的避雨空间，为商业的氛围里注入复古的情思。整个立面用连续的水平分隔线将不同的体块统一在一个整体，同时也强调了建筑对城市的尺度。进入其中，只见草间弥生的红色南瓜吊灯点缀在中空大厅上方，搭手扶电梯去楼上的茑屋书店。

　　这家茑屋书店身处百货商店中却一点儿不显浮躁，用大面积的原木色地板铺地创造质朴宁静的基调，与深黑灰的格架一起共同组成开敞的空间供人使用。在咖啡柜台点了季节限定的樱花咖啡和菠菜三文鱼咸挞，在人员较满的条形吧台座位坐下，随意翻看着面前摆放的旧杂志。周围坐了许多年轻人，有的对着电脑用功，有的在认真地看书，此处仿佛是一处很抢手的氛围雅致的自习室。书店的中庭有天光采入，布置着三宅一生的服饰展，色泽鲜亮的撞色衣服点缀着中庭，增添了一抹活力。在文库本图书区幸福地浏览，挑选了一些封面眼熟的畅销小说，结账的时候请爆炸头店员帮忙将书包好，提着一袋书继续走在银座的人潮中。

银座的特别之处除了便利繁华外，老牌的质感店铺也值得一逛。寻觅老牌小物件有着闲散自由的购买乐趣，甚至其中很多也难说是必需品，但正是如此才有闲逛漫步的感觉。比如去文具店伊东屋的大楼，在每一层仔细浏览，买上许多手账便利贴和木头质感很好的铅笔。每次使用前坐在桌前将铅笔认真刨好，颇有仪式感。走去鸠居堂挑选一些线香，以蝴蝶名称命名的线香气味香甜，在日常里制造薄如蝉翼的幸福片刻。木村屋的红豆面包也不可错过，造型古朴可爱，内馅充实甜而不腻，咬一口仿佛走在大正时代的街道上，羊羹等便于贮存的和果子，很适合带回上海食用。

古朴之物和印象中闪亮的银座气质不同，不过确实也是夹杂在主街中的特别的存在。至于银座的奢侈繁华，森茉莉在《奢侈贫穷》中就何为真正的奢侈和表面奢侈内里贫乏讲得很透彻。在这种街区行走的姿态，比起身着高价物品的故意卖弄，坦然随意的漫步，逛银座如同在家附近散步一般，才是拥有奢侈的精神。好比坐在精致的花园餐厅里内心毫无波动，随意在家插一把便宜鲜花吃煎蛋烤吐司的女孩更可爱。森茉莉强调的是，将攥紧的掌心松开，面对新潮昂贵的物件，稳定的价值观和内心的感动大概更重要，用自己的劳动所得轻松购置几件棉布衬衫，这样脚踏实地的大方态度最是奢侈难得。

去银座背街的炼瓦亭西餐厅吃午饭。炼瓦亭是夏目漱石爱去的西餐厅，有着百年历史，曾对西餐进行改良创新，发明了炸猪排等和风西餐料理。餐厅内部空间不大，被店员领进一楼靠过道的小方桌，前面的熟客则直接走进了地下层，简约的内饰并没有升级，保留了古早的面貌。虽然不太能吃油炸食物，为了体验夏目漱石同款口味，点了炸猪排配米饭、炸土豆饼配意大利面这种高热量餐食。大学生样貌的女服务员将菜品端上，态度非常亲和，我们吃饭的过程中她一直在对面等待召唤，毕竟店面不大。油炸物比预想中要美味，本来只是慕名打卡，却被食物香酥的口感打动，味道非常真实。想到这是夏目漱石、森鸥外等作家当时的口味，又别具意味，在那个年代有这样一方据点与西方文明相连接，此类据点给了留洋文人一处慰藉心灵的空间。

炼瓦亭这种西餐厅类似今日吉祥寺中目黑的咖啡店或酒吧，从中自发蔓延的文化生活可以影响一个街道乃至一座城市。从餐厅出来走在银座细窄的后街上，隔壁的饮食店门口排起了长队，此时是上班族们的午餐高峰期，身着黑灰色系的中年人疲惫淡漠地排队等待着，我们立刻被拉回到东京当下的现实里，方才隔壁百年老店之旅是一场气度奢侈的文化穿越。

东京国际会议中心

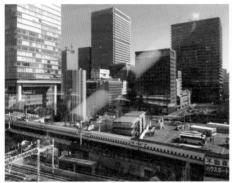

　　位于丸之内三丁目的东京国际会议中心是此行寻访的最后一处建筑。在日比谷地铁站将深蓝色小型行李箱投币寄存好，背着随身的帆布包轻松前往，路过地铁过道里的一排扭蛋机和形色匆忙的上班族，从出口出来是密集的楼宇街道。国际会议中心离东京站不远，从楼宇间可以看见铁轨与列车向远方蔓延。是日天气晴好，建筑前的广场上聚集着三两人群，其中不乏驻足欣赏拍照的游客。国际会议中心的建筑平面看起来仿佛一只扁杏仁眼睛，玻璃幕墙组成的立体空间使得整座建筑通透且巨大。阳光穿透玻璃幕墙洒入室内，一整面的木饰面墙体上倒映出钢结构的光影，营造出宛如北欧森林木屋的宁静清新，令人身处城市中心也有一丝平静。深灰色的地面衬托出空间的素净雅致，人们往来行走，充分体现了这处大空间作为主要公共交通空间的开放性，可以供普通人进入参观使用。

　　建筑主楼内只保留少量的会议室，大面积的空间留给了城市生活。主要的论坛会议厅安排在广场对面的建筑体量内，与扁杏仁形的大厅通过空中连廊相连接，当然直接从广场上以及地下空间也可以进入。功能决定了建筑的外立面，广场对面的建筑体量的立面由细碎的体块组成，其中安置了许多会议厅。同时为了与丸之内繁华的商业氛围相融合，避免宏大产生压迫感，拉近与商业消费行为的距离，碎体块的立面用亚光的金属板与玻璃幕墙将自己完美地融入银座的街道。广场上有几家有设计感的汉堡速食店，可买便当和咖啡的移动餐车也很可爱地停在空地上，缓解了会议论坛的肃穆气氛。

在扁杏仁形的公共大厅内参观，最惊叹的还是大面积的玻璃幕墙结构。相较于一般建筑承重结构与幕墙结构拆分开的方式，这座建筑以整体的钢结构构筑而成，结构内包含了幕墙、盘旋的走道与艇状屋顶构架的支撑体系，各结构体系间的互相牵制，使得整个建筑的结构纯粹且轻盈，在造型上更加自由灵活，制作出了都市中的大尺度通透空间。

在大空间内行走，透过白色结构的幕墙可以看见户外晴好的蓝天，沿着走道在室内盘旋上行，每一层对着不同的结构风景，面对眼前近距离的钢结构桁架，难免举起手机一阵狂拍。眼前的空间内只见三维桁架来回穿梭，连接起不同高度的楼层走道，若是不计较几十米高度的中空感，可以在架空联桥上自由行走，体验一下走钢索的心情。也有人爱利用这般透明的感觉，在贴着幕墙的走道上进行商拍，年轻女孩在摄影师的提示下笑着摆出各种身姿，可以从一个角度被拍很久，出片的态度相当敬业。由于在空中联桥上坐着拍摄时间过长，保安大叔忍不住近前相劝。

回到地面已是近午时分，大厅里往来人流变多，许多穿制服的白领出来买午餐。广场上的餐车前聚集着客人，开餐车卖便当和手冲咖啡反映了当下日本年轻人的生存方式。广场的树下坐着人，两个女孩买了外带的热狗坐在一起吃着，还有短发女生孤单一人手捧纸杯取暖。午间工作间隙，白领在复印室、茶水间外有了一点喘息的空间，即便这个周末依旧没有像样的活动，能在午休时从穿褐色围裙的咖啡师手中接过一杯外带饮料，让重复的工作日里多了一丝想象。

后记

　　这本书记录了 2018、2019 年间我和李柏一起在东京旅行参观建筑的行程和心情，历时一个月的寻访，回到上海后在生活工作间隙陆续将回忆写下。李柏作为建筑师认真充当了建筑顾问的重要角色，给了我很多专业上的支持。这本书出版之际已经距拍下第一张照片过去了近六年，这些年经历了疫情，地球上发生了巨大变化，东京与几年前比也一定有所改变。书中记录的建筑与店铺是否依旧安好地运转着？街道上聚集的年轻人是否保持着干净的眼神？或许要由大家亲自去寻找答案。书中除了建筑还叙写了一些在日本旅行参观时的所见所想，伴随着往昔的印象，一边怀着文化记忆里的感受一边在日本看建筑，陌生的街道变得熟悉，大师的建筑变得有温度，书写亦是为了传递这份感受。

李璇

2023 年于上海

图书在版编目（CIP）数据

东京建筑漫步 / 李璇著 . -- 北京 : 海豚出版社，
2024.6. -- ISBN 978-7-5110-6923-8

Ⅰ . TU-863.13

中国国家版本馆 CIP 数据核字第 2024V8V890 号

东京建筑漫步

李璇 著

出 版 人　王磊
出　　版　海豚出版社
地　　址　北京市西城区百万庄大街 24 号　邮编 100037
电　　话　（010）68325006（销售）　（010）68996147（总编室）
传　　真　（010）68996147
责任编辑　张思雨
责任印刷　于浩杰　　蔡　丽
美术设计　柯笠建筑 ｜ Atelier LI
摄　　影　柯笠建筑 ｜ Atelier LI
法律顾问　殷斌律师
经　　销　新华书店及各大网络书店
印　　刷　三河市华东印刷有限公司
开　　本　32 开（880 毫米 ×1230 毫米）
印　　张　7.75
版　　次　2024 年 6 月第 1 版　2024 年 6 月第 1 次印刷
字　　数　220 千字
标准书号　ISBN 978-7-5110-6923-8
定　　价　78.00 元